JN124995

理工数学シリーズ

統計力学

応用編

村上雅人
飯田和昌
小林忍

飛翔舎

はじめに

本書では、「統計力学 — 基礎編」で学習した内容をもとに、統計力学を実際にいろいろな系に応用し、実践を通して、その効用を実感することが狙いである。なぜなら、基礎学問は、それを具体的な問題に適用して、実際にみずから解法を経験することで理解が進むことも多いからである。

統計力学の応用にあたって重要なのは、いかに対象とする系の分配関数を求めるかにある。この際、対象とする系におけるエネルギーを過不足なく、すべて数え上げることがポイントとなる。ただし、この点に関しては、多くの場合、他の分野で確立された知識を利用すればよいので問題はない。科学は、過去の所産の助けを借りて、発展するものだからである。実際に、本書でも、量子力学の知識や、解析力学の手法、そして、数学で得られた特殊関数などを利用して実際問題に取り組んでいる。

本書で取り上げる応用分野は、2 原子分子気体、光のエネルギー、固体の比熱などである。さらに、いまだに現象の定式化が確立されていない分野として、相互作用のある系も取り上げる。ここでは、統計力学が成功を収めている 1 次元と 2 次元のイジング模型の例を紹介する。

本書を通して、多くの読者が統計力学の有用性と面白さに気づいてくれることを期待している。

2023 年　夏

著者　村上雅人、飯田和昌、小林忍

もくじ

第 1 章　分配関数

統計力学の応用においては、**分配関数** (partition function) が主役を演じる。「分配関数を求めるのが統計力学である」という考えもある。実際に、本書「統計力学―応用編」では「対象とする実際の系において、いかに分配関数を求めるか」が第 1 歩となる。

分配関数が得られさえすれば、それに適当な数学的操作を施すことで、必要な物理量を求めることができる。その手法を紹介していくが、まず、基本となる分配関数について簡単に復習しておきたい。

本書で主に対象とするミクロ粒子の集団は、**カノニカル集団** (canonical ensemble) である[1]。そして、その基本にあるのは、カノニカル集団の総エネルギーが E となる確率が**ボルツマン因子** (Boltzmann factor) である

$$e^{-\frac{E}{k_\mathrm{B}T}} = \exp\left(-\frac{E}{k_\mathrm{B}T}\right)$$

に比例するという事実である。

T は系の温度、そして k_B は**ボルツマン定数** (Boltzmann constant) である。また、e は**指数** (exponential) であり、**ネイピア数** (Napier's number) と呼ばれることもある。ボルツマン因子のように、理工系では、e のべきが $-E/k_\mathrm{B}T$ のような式となる場合が多い。よって肩にのった表式では見にくいため、$e^x = \exp(x)$ という表記を使用する場合がある。本書でも、この表式を採用している。

つぎに、$\exp(x)$ のべき x の単位は**無次元** (dimensionless) でなければならない。

実際に、ボルツマン因子では、分子の E はエネルギーで単位は [J] であるが、分母の $k_\mathrm{B}T$ は、k_B の単位が [J/K] であり、温度 T の単位が [K] であるので、単

[1] 「カノニカル」"canonical"を「正準」と訳すこともある。カノニカルという用語は、もともと教会用語であり、一般の人にはなじみがないであろう。ここでは「外部とエネルギーのやり取りができるミクロ粒子の集団」が「カノニカル集団」だと理解しておいてほしい。

位はエネルギーの [J] となり、無次元となることがわかる。

実は、exp (x) は

$$e^x = \exp(x) = 1 + x + \frac{1}{2!}x^2 + \frac{1}{3!}x^3 + ...$$

と級数展開することができる。

もし、x の単位が長さの [m] とすると、3 項目の単位は [m^2] のように面積、4 項目の単位は [m^3] のように体積となって、明らかに矛盾するからである。指数のべきが無次元という事実は重要である。

なお、ボルツマン因子については、この章の補遺 1-1 に解説があるので、参照いただきたい。

1. 1. 規格化定数と分配関数

温度 T にあるカノニカル集団が取りうるエネルギー状態として $E_1, E_2, ..., E_n$ の n 個が存在するとしよう。

すると、系が、それぞれのエネルギー状態となる確率は

$$p_1 \propto \exp\left(-\frac{E_1}{k_B T}\right), \quad p_2 \propto \exp\left(-\frac{E_2}{k_B T}\right), \cdots, \quad p_n \propto \exp\left(-\frac{E_n}{k_B T}\right)$$

のようにボルツマン因子に比例する。実は、この特性こそが、カノニカル集団が有する重要な性質となっており、統計力学の根幹をなすものである。

ここで、$1/Z$ を確率を与える定数とすると、それぞれのエネルギー状態を系が占める確率は

$$p_1 = \frac{1}{Z}\exp\left(-\frac{E_1}{k_B T}\right), \quad p_2 = \frac{1}{Z}\exp\left(-\frac{E_2}{k_B T}\right), \cdots, \quad p_n = \frac{1}{Z}\exp\left(-\frac{E_n}{k_B T}\right)$$

と与えられる。

ここで、確率の性質から

$$p_1 + p_2 + ... + p_n = 1$$

となることを思い出そう。

上記の確率の表式を代入すれば

$$\frac{1}{Z}\left\{\exp\left(-\frac{E_1}{k_B T}\right)+\exp\left(-\frac{E_2}{k_B T}\right)+...+\exp\left(-\frac{E_n}{k_B T}\right)\right\}=1$$

という関係が得られる。

すると、Z は

$$Z=\exp\left(-\frac{E_1}{k_B T}\right)+\exp\left(-\frac{E_2}{k_B T}\right)+...+\exp\left(-\frac{E_n}{k_B T}\right)$$

と与えられることになる。

この Z を**分配関数** (partition function) と呼んでいる。いまの導出過程だけをみれば、分配関数 Z は確率の和を 1 とするための**規格化定数** (normalizing constant) となっているが、統計力学では、系の状態解析において主役を演じる重要なパラメータであり、**状態和** (sum over states) と呼ばれることもある。上式を見れば、まさに、状態を表すエネルギーや温度の和となっていることがわかる。

冒頭で、exp (x) のべき x は無次元でなければならないということを紹介した。よって、ボルツマン因子も無次元となり、分配関数の単位も無次元となる。この事実が重要となるが、この点については、後ほど紹介する。

統計力学では、温度のかわりに、**逆温度** (inverse temperature) と呼ばれるパラメータを使うことも多い。β と表記し、温度 T とは

$$\beta=\frac{1}{k_B T}$$

という関係にある。

逆温度を使えば分配関数と確率は

$$Z=\sum_{r=1}^{n}\exp\left(-\beta E_r\right) \qquad p_r=\frac{1}{Z}\exp\left(-\beta E_r\right)$$

と表記できる。

ここで、系の物理量 A の期待値、あるいは、平均は、確率を使うと

$$<A>=p_1A_1+p_2A_2+...+p_nA_n$$

と与えられる。

よって、系のエネルギー期待値（よって内部エネルギー：U）は

$$<E>=p_1E_1+p_2E_2+...+p_nE_n$$

となる。カノニカル集団においては

$$< E >= \frac{1}{Z}\left\{E_1\exp\left(-\frac{E_1}{k_B T}\right) + E_2\exp\left(-\frac{E_2}{k_B T}\right) + ... + E_n\exp\left(-\frac{E_n}{k_B T}\right)\right\}$$

と与えられることになる。さらに、逆温度 β を使うと

$$< E >= \frac{1}{Z}\{E_1\exp(-\beta E_1) + E_2\exp(-\beta E_2) + ... + E_n\exp(-\beta E_n)\}$$

と表記することもできる。

演習 1-1 カノニカル集団における分配関数を Z とするとき、$\partial Z / \partial\beta$ の値を求めよ。ただし、β は逆温度である。

解） 分配関数は

$$Z = \sum_{r=1}^{n}\exp\left(-\beta E_r\right) = \exp\left(-\beta E_1\right) + \exp\left(-\beta E_2\right) + \ldots + \exp\left(-\beta E_n\right)$$

と与えられるので

$$\frac{\partial Z}{\partial\beta} = -E_1\exp\left(-\beta E_1\right) - E_2\exp\left(-\beta E_2\right) - \ldots - E_n\exp\left(-\beta E_n\right)$$

$$= -Z\left(p_1 E_1 + p_2 E_2 + \ldots + p_n E_n\right) = -Z < E >$$

となる。

演習の結果から

$$< E >= -\frac{1}{Z}\frac{\partial Z}{\partial\beta}$$

という関係にあることがわかる。

系の平均エネルギー $<E>$ は、内部エネルギー U に等しいので

$$U = -\frac{1}{Z}\frac{\partial Z}{\partial\beta} = -\frac{\partial}{\partial\beta}\left(\ln Z\right)$$

という関係が得られる。

このように、分配関数 Z に数学的な操作を加えれば、内部エネルギーを得ることができる。同様にして、他の熱力学関数や物理量も、分配関数に操作を加える

ことで、取り出すことができる。Z が状態和と呼ばれる所以である。

演習 1-2　カノニカル集団の内部エネルギー U を、逆温度 β ではなく、温度 T の関数として表現せよ。

解）

$$U = -\frac{\partial}{\partial \beta}(\ln Z)$$

の変数を逆温度 β から温度 T に変換する。

$$U = -\frac{\partial}{\partial \beta}(\ln Z) = -\frac{dT}{d\beta}\frac{\partial}{\partial T}(\ln Z)$$

として

$$\beta = \frac{1}{k_B T}$$

から

$$d\beta = -\frac{1}{k_B T^2} dT \qquad \text{より} \qquad \frac{dT}{d\beta} = -k_B T^2$$

となるので

$$U = k_B T^2 \frac{\partial}{\partial T}(\ln Z)$$

となる。

それでは、**ヘルムホルツの自由エネルギー** (Helmholtz free energy : F) を、分配関数 Z から求めることを考えよう。自由エネルギーとは、系から取り出せる仕事に相当するエネルギーのことである。一方で、系の安定性を示す指標ともなっており、重要な熱力学関数である。

自由エネルギーには 2 種類ある。圧力 P 一定のもとでは、ギブスの自由エネルギー G が、そして、体積 V 一定のもとでは、ヘルムホルツの自由エネルギー F が使われる。ここで簡単に熱力学の復習をしておく。

まず、F の定義は

$$F = U - TS$$

であった。

その全微分は

$$dF = dU - d(TS) = dU - SdT - TdS$$

となるが、熱力学の第 1 法則から

$$dU = dQ - PdV = TdS - PdV$$

となるので

$$dF = -PdV - SdT$$

となる。

したがって、体積が一定の場合

$$S = -\frac{\partial F}{\partial T}$$

という関係にあるので

$$U = F - T\frac{\partial F}{\partial T}$$

となる。

ここで、F/T を T に関して偏微分してみよう。すると

$$\frac{\partial}{\partial T}\left(\frac{F}{T}\right) = \frac{1}{T}\frac{\partial F}{\partial T} - F\frac{1}{T^2}$$

となる。したがって

$$T^2\frac{\partial}{\partial T}\left(\frac{F}{T}\right) = T\frac{\partial F}{\partial T} - F$$

から

$$T^2\frac{\partial}{\partial T}\left(\frac{F}{T}\right) = -U$$

となり、結局

$$\frac{\partial}{\partial T}\left(\frac{F}{T}\right) = -\frac{U}{T^2}$$

という関係が得られる。

これを、**ギブス·ヘルムホルツの式** (Gibbs-Helmholtz equation) と呼んでいる。

演習 1-3　ギブス･ヘルムホルツの式

$$\frac{\partial}{\partial T}\left(\frac{F}{T}\right)=-\frac{U}{T^2}$$

を利用して、ヘルムホルツの自由エネルギー F を分配関数 Z で示せ。

解）　演習 1-2 から

$$U=k_{\mathrm{B}}T^2\frac{\partial}{\partial T}(\ln Z)$$

という結果が得られた。

ギブス･ヘルムホルツの式

$$\frac{\partial}{\partial T}\left(\frac{F}{T}\right)=-\frac{U}{T^2}$$

に代入すると

$$\frac{\partial}{\partial T}\left(\frac{F}{T}\right)=-k_{\mathrm{B}}\frac{\partial}{\partial T}(\ln Z)=\frac{\partial}{\partial T}(-k_{\mathrm{B}}\ln Z)$$

という関係にあることがわかる。したがって

$$\frac{F}{T}=-k_{\mathrm{B}}\ln Z$$

から、ヘルムホルツの自由エネルギーは

$$F=-k_{\mathrm{B}}T\ln Z$$

と与えられる。

このように、統計力学の応用にあたっては、系の分配関数 Z をいかに導出するかが基本となり、いったん、分配関数が得られれば、あとは、数学的操作によって、重要な熱力学関数や系の物理特性を得ることができるのである。

1. 2.　連続関数と分配関数

系のエネルギーが $E_1, E_2, \ldots, E_n$ のように離散的な場合、分配関数 Z は

$$Z = \exp\left(-\frac{E_1}{k_B T}\right) + \exp\left(-\frac{E_2}{k_B T}\right) + \cdots + \exp\left(-\frac{E_n}{k_B T}\right)$$

と与えられる。

このとき重要なのは、系のエネルギー状態を、すべて過不足なく上記の和に取り入れることである。一方、エネルギーが連続型の場合には、この和は**積分** (integral) となり、単純には

$$Z = \int_0^\infty \exp\left(-\frac{E}{k_B T}\right) dE$$

と与えられることになる。

ただし、このままでは問題がある。分配関数は、すでに紹介したように無次元でなければならない。この積分で得られる結果は、被積分関数のボルツマン因子 $\exp(-E/k_B T)$ が無次元量であるから、エネルギーの単位となる。

その補正のためには、エネルギーの**状態密度** (density of states) である $D(E)$ を使い

$$Z = \int_0^\infty \exp\left(-\frac{E}{k_B T}\right) D(E) dE$$

とすればよい。

エネルギーが 0 から E までの範囲にある状態数が $W(E)$ のとき、エネルギー状態密度は

$$D(E) = \frac{dW(E)}{dE}$$

となる。あるいは

$$W(E) = \int_0^E D(E) dE$$

という関係にある。このとき、分配関数は

$$Z = \int_0^\infty \exp\left(-\frac{E}{k_B T}\right) D(E) dE = \int_0^\infty \exp\left(-\frac{E}{k_B T}\right) \frac{dW(E)}{dE} dE$$

$$= \int_0^\infty \exp\left(-\frac{E}{k_B T}\right) dW(E)$$

となり、この積分結果は状態数を与える。つまり、無次元数となるのである。

ただし、エネルギーはいろいろな形態をとる。よって、実際の系に応用する際

には、エネルギーを決める変数に応じた対応が必要となる。

たとえば、気体分子のエネルギー E は**運動エネルギー** (kinetic energy : T) と**位置エネルギー** (potential energy : U) からなる。そして、運動エネルギーは**運動量** (momentum : p) の関数であり、位置エネルギーは**位置** (position : q) の関数となって

$$E = E(p,q) = T(p) + U(q)$$

となる。

分配関数を求めるにあたって、われわれに必要なことは、いかに過不足なく、可能なエネルギー状態をすべて数え上げるかにある。この際、基本はもっとも簡単な系から始めることである。たとえば、1 個の粒子が 1 次元方向の運動をする場合には、積分型の分配関数は

$$Z = \frac{1}{h}\iint \exp\left(-\frac{T(p)+U(q)}{k_{\mathrm{B}}T}\right) dp\, dq$$

となる。

ここで、h はプランク定数である。運動量 p には上限がないので、その積分範囲は $-\infty$ から $+\infty$ となり、位置 q の積分範囲は粒子が閉じ込められた空間の大きさとなり、たとえば長さ L の場合には $0 \le q \le L$ となる。

積分の先頭に $1/h$ がつくのは、ミクロ粒子が占めるエネルギー最小単位が、運動量空間では、プランク定数である h 程度の大きさとなることに由来する。ここで

$$\exp\left(-\frac{T(p)+U(q)}{k_{\mathrm{B}}T}\right) = \exp\left(-\frac{T(p)}{k_{\mathrm{B}}T}\right)\exp\left(-\frac{U(q)}{k_{\mathrm{B}}T}\right)$$

というように、成分に分離できるから、2 重積分は

$$Z = \frac{1}{h}\int_{-\infty}^{\infty}\int_{0}^{L} \exp\left(-\frac{T(p)+U(q)}{k_{\mathrm{B}}T}\right) dpdq$$

$$= \frac{1}{h}\int_{-\infty}^{\infty} \exp\left(-\frac{T(p)}{k_{\mathrm{B}}T}\right) dp \int_{0}^{L} \exp\left(-\frac{U(q)}{k_{\mathrm{B}}T}\right) dq$$

とすることができる。

ここで、別の側面から、h の必要性について説明しておこう。先ほど、分配関数は無次元であるということを紹介した。分配関数を積分項だけみれば

$$\iint dp\,dq$$

となっている。すると、$dp\,dq$ の単位は、[J·s] となり、この積分は無次元とはならない。ここで、プランク定数 h の単位は [J·s] である。したがって

$$\iint \frac{dp\,dq}{h} = \frac{1}{h}\iint dp\,dq$$

とすることで、積分が無次元となり、分配関数として使えるのである。つまり、h で除すことで、積分結果が状態数となり、分配関数が無次元化されることになる。

演習 1-4　質量が m のミクロ粒子 1 個が 1 次元空間の $0 \leq x \leq L$ を自由に運動しているときの分配関数を求めよ。

解)　粒子が x 方向のみに運動すると考え、その運動量を p_x とすると

$$T(p) = T(p_x) = \frac{{p_x}^2}{2m} \qquad U(q) = U(x) = 0$$

となる。したがって

$$Z = \frac{1}{h}\int_{-\infty}^{\infty} \exp\left(-\frac{T(p_x)}{k_B T}\right) dp_x \int_0^L \exp\left(-\frac{U(x)}{k_B T}\right) dx$$

$$= \frac{1}{h}\int_{-\infty}^{\infty} \exp\left(-\frac{{p_x}^2}{2mk_B T}\right) dp_x \int_0^L \exp(0) dx = \frac{1}{h}\int_{-\infty}^{\infty} \exp\left(-\frac{{p_x}^2}{2mk_B T}\right) dp_x \int_0^L 1 dx$$

$$= \frac{L}{h}\int_{-\infty}^{\infty} \exp\left(-\frac{{p_x}^2}{2mk_B T}\right) dp_x$$

となる。これはガウス積分であり

$$\int_{-\infty}^{\infty} \exp(-ax^2)\,dx = \sqrt{\frac{\pi}{a}}$$

という公式[2]を使うと

$$a = 1/2mk_B T$$

から

[2] ガウス積分に関しては、本章の補遺 1-3 を参照されたい。

$$Z = \frac{L}{h}\sqrt{\frac{\pi}{a}} = \frac{L}{h}\sqrt{2\pi m k_B T}$$

となる。

まず、この分配関数が無次元かどうかを確かめてみよう。L の単位は [m] となり、プランク定数 h の単位は [J·s] となる。ここで根号内の m の単位は [kg]、$k_B T$ の単位は [J] である。したがって、上記の分配関数の単位は

$$\frac{[\mathrm{m}]}{[\mathrm{J}][\mathrm{s}]}[\mathrm{kg}]^{\frac{1}{2}}[\mathrm{J}]^{\frac{1}{2}}$$

となる。ここで、エネルギー [J] の単位は

$$[\mathrm{J}] = [\mathrm{kg}][\mathrm{m}]^2[\mathrm{s}]^{-2}$$

であるから

$$\frac{[\mathrm{m}]}{[\mathrm{J}][\mathrm{s}]}[\mathrm{kg}]^{\frac{1}{2}}[\mathrm{J}]^{\frac{1}{2}} = \frac{[\mathrm{m}]}{[\mathrm{kg}][\mathrm{m}]^2[\mathrm{s}]^{-1}}[\mathrm{kg}]^{\frac{1}{2}}[\mathrm{kg}]^{\frac{1}{2}}[\mathrm{m}][\mathrm{s}]^{-1} = 1$$

となり、無次元であることが確かめられる。

ところで、この分配関数 Z は 1 個の粒子を対象としたものである。このため、1 粒子分配関数と呼ばれている。実際の応用において、多数の粒子を対象とするときには、1 粒子分配関数を基本に考えるのが、統計力学の常套手段となる。

演習 1-5　質量が m のミクロ粒子 1 個が 1 次元空間の $0 \le x \le L$ を自由に運動しているときの平均エネルギー $<E>$ を求めよ。

解）　平均エネルギーは

$$<E> = -\frac{\partial}{\partial \beta}(\ln Z) = -\frac{1}{Z}\frac{\partial Z}{\partial \beta}$$

と与えられる。分配関数は

$$Z = \frac{L}{h}\sqrt{2\pi m k_B T} = \frac{L}{h}\sqrt{\frac{2\pi m}{\beta}} = \frac{L}{h}\sqrt{2\pi m}\beta^{-\frac{1}{2}}$$

であるから

$$\frac{\partial Z}{\partial \beta} = -\frac{L}{2h}\sqrt{2\pi m}\beta^{-\frac{3}{2}}$$

より

$$< E > = -\frac{1}{Z}\frac{\partial Z}{\partial \beta} = \frac{1}{2Z}\frac{L}{h}\sqrt{2\pi m}\beta^{-\frac{3}{2}} = \frac{1}{2\beta} = \frac{1}{2}k_{\mathrm{B}}T$$

と与えられる。

これは、まさに気体分子 1 個が温度 T で有するエネルギーである。

演習 1-6 質量が m のミクロ粒子 1 個が 2 次元空間 $0 \le x \le L$, $0 \le y \le L$ を自由に運動しているときの平均エネルギーを求めよ。

解) 分配関数 Z を求めてみよう。粒子が x 方向と y 方向を運動するとし、その運動量を p_x および p_y すると、エネルギーは

$$T(p) = \frac{{p_x}^2 + {p_y}^2}{2m} \qquad U(x) = 0,\ U(y) = 0$$

と与えられる。

この分配関数 Z は

$$Z = \frac{1}{h^2}\int_{-\infty}^{\infty}\int_{-\infty}^{\infty}\exp\left(-\frac{{p_x}^2 + {p_y}^2}{2mk_{\mathrm{B}}T}\right)dp_x\,dp_y\int_0^L \exp\left(-\frac{U(x)}{k_{\mathrm{B}}T}\right)dx\int_0^L \exp\left(-\frac{U(y)}{k_{\mathrm{B}}T}\right)dy$$

$$= \frac{1}{h^2}\int_{-\infty}^{\infty}\int_{-\infty}^{\infty}\exp\left(-\frac{{p_x}^2 + {p_y}^2}{2mk_{\mathrm{B}}T}\right)dp_x\,dp_y\int_0^L \exp(0)\,dx\int_0^L \exp(0)\,dy$$

$$= \frac{L^2}{h^2}\int_{-\infty}^{\infty}\int_{-\infty}^{\infty}\exp\left(-\frac{{p_x}^2 + {p_y}^2}{2mk_{\mathrm{B}}T}\right)dp_x\,dp_y$$

となる。

2 方向に自由に運動できるので、x 方向および y 方向で積分する必要があり、2 重積分となる。さらに、x および y 方向の運動は互いに独立であるので

$$Z = \frac{L^2}{h^2}\int_{-\infty}^{\infty}\exp\left(-\frac{{p_x}^2}{2mk_{\rm B}T}\right)dp_x\int_{-\infty}^{\infty}\exp\left(-\frac{{p_y}^2}{2mk_{\rm B}T}\right)dp_y$$

としてよいことになる。

よって、それぞれのガウス積分を実施して、積をとればよいので

$$Z = \frac{L^2}{h^2}\sqrt{2\pi mk_{\rm B}T}\cdot\sqrt{2\pi mk_{\rm B}T} = \frac{L^2}{h^2}(2\pi mk_{\rm B}T)$$

となる。

この粒子の平均エネルギーは

$$< E >= -\frac{1}{Z}\frac{\partial Z}{\partial \beta}$$

であったので

$$Z = \frac{L^2}{h^2}(2\pi mk_{\rm B}T) = \frac{2\pi mL^2}{h^2}\beta^{-1}$$

から

$$\frac{\partial Z}{\partial \beta} = -\frac{2\pi mL^2}{h^2}\beta^{-2}$$

となり

$$< E >= -\frac{1}{Z}\frac{\partial Z}{\partial \beta} = \frac{1}{\beta} = k_{\rm B}T$$

と与えられる。

ところで、ミクロ粒子の運動においては、**等分配の法則** (law of equipartition) により、基本運動のエネルギーはすべての自由度あたり $(1/2)k_{\rm B}T$ となることが知られている。したがって、x, y の 2 方向では

$$\frac{1}{2}k_{\rm B}T + \frac{1}{2}k_{\rm B}T = k_{\rm B}T$$

となるのである。

演習 1-7　質量が m のミクロ粒子 1 個が 1 辺の長さが L の立方体中を自由に運動しているときの平均エネルギーを求めよ。

解）　3 次元空間の質量 m の気体分子のエネルギーは

$$T(p) = \frac{{p_x}^2 + {p_y}^2 + {p_z}^2}{2m} \qquad U(x) = 0,\ U(y) = 0,\ U(z) = 0$$

となる。

よって、分配関数 z_3 は

$$z_3 = \frac{L^3}{h^3}\int_{-\infty}^{\infty}\int_{-\infty}^{\infty}\int_{-\infty}^{\infty}\exp\left(-\beta\frac{{p_x}^2 + {p_y}^2 + {p_z}^2}{2m}\right)dp_x\,dp_y\,dp_z$$

となる。

この 3 重積分は分解できて

$$z_3 = \frac{L^3}{h^3}\int_{-\infty}^{\infty}\exp\left(-\frac{\beta\,{p_x}^2}{2m}\right)dp_x\int_{-\infty}^{\infty}\exp\left(-\frac{\beta\,{p_y}^2}{2m}\right)dp_y\int_{-\infty}^{\infty}\exp\left(-\frac{\beta\,{p_z}^2}{2m}\right)dp_z$$

となる。

ガウス積分であるから

$$\int_{-\infty}^{\infty}\exp\left(-\frac{\beta\,{p_x}^2}{2m}\right)dp_x = \sqrt{\frac{2\pi m}{\beta}}$$

となり、この系の分配関数は

$$z_3 = \frac{L^3}{h^3}\left(\frac{2\pi m}{\beta}\right)^{\frac{3}{2}} = \frac{L^3}{h^3}(2\pi m)^{\frac{3}{2}}\,\beta^{-\frac{3}{2}}$$

と与えられる。ここで

$$< E >= -\frac{1}{z_3}\frac{\partial z_3}{\partial\beta} = \frac{3}{2\beta}$$

から

$$< E >= \frac{3}{2}k_{\mathrm{B}}T$$

となる。

いままでは、1 個の気体分子の運動を考えてきた。ここからは、気体分子が複数ある場合を考えてみよう。

まず、N 個の気体分子が 1 次元空間の $0 \leq x \leq L$ を自由に運動している場合を考えてみよう。

この場合のエネルギー項は

$$T(p) = \frac{{p_1}^2 + {p_2}^2 + {p_3}^2 + \ldots + {p_N}^2}{2m} \qquad U(q_i) = 0 \quad (i = 1, 2, \ldots, N)$$

と与えられる。

よって、分配関数 $Z(N)$ は

$$Z(N) = \frac{L^N}{h^N} \int_{-\infty}^{\infty} \int_{-\infty}^{\infty} \cdots \int_{-\infty}^{\infty} \exp\left(-\beta \frac{{p_1}^2 + {p_2}^2 + \ldots + {p_N}^2}{2m} \right) dp_1\, dp_2 \ldots dp_N$$

となる。

この N 重積分は分解できて

$$Z(N) = \frac{L^N}{h^N} \int_{-\infty}^{\infty} \exp\left(-\frac{\beta\, {p_1}^2}{2m} \right) dp_1 \int_{-\infty}^{\infty} \exp\left(-\frac{\beta\, {p_2}^2}{2m} \right) dp_2 \cdots \int_{-\infty}^{\infty} \exp\left(-\frac{\beta\, {p_N}^2}{2m} \right) dp_N$$

となる。

ガウス積分であるから、N 粒子系の分配関数は

$$Z(N) = \frac{L^N}{h^N} \left(\frac{2\pi m}{\beta} \right)^{\frac{N}{2}}$$

となる。

ところで、いままでの議論では N 個の粒子が区別できるとしている。気体分子のように多数の粒子が自由に運動している系や、量子力学のミクロ粒子では、個々の粒子を区別することができない。その場合には、N 粒子の並べ方の総数である $N!$ だけ状態数をダブルカウントしていることになる。よって、粒子が区別できない系では、分配関数を $N!$で除して

$$Z(N) = \frac{L^N}{N!\, h^N} \left(\frac{2\pi m}{\beta} \right)^{\frac{N}{2}}$$

とする必要がある。

また、より一般的には、単純な粒子数ではなく、系の**自由度** (degree of freedom) を考える必要がある。その説明をしよう。たとえば、1 粒子が x 方向にしか運動できない場合、自由度は 1 である。しかし、1 粒子の場合でも、3 次元空間では、x, y, z の 3 方向に運動できる。この場合には自由度は 3 となる。

1 個の粒子が 1 方向にだけ運動する場合、つまり自由度が 1 の系の分配関数は

$$z_1 = \frac{L}{h}\left(\frac{2\pi m}{\beta}\right)^{\frac{1}{2}}$$

となる。この粒子が x, y, z の 3 方向に運動している場合には

$$z_3 = \frac{L^3}{h^3}\left(\frac{2\pi m}{\beta}\right)^{\frac{3}{2}} = {z_1}^3$$

となるが、これは、まさに z_1 を 3 乗したものに他ならない。そして、N 個の粒子が x, y, z 方向に運動している場合の分配関数は

$$Z_3(N) = \frac{{z_3}^N}{N!} = \frac{L^{3N}}{N!h^{3N}}\left(\frac{2\pi m}{\beta}\right)^{\frac{3N}{2}}$$

となるが、これは、まさに、1 粒子、1 方向の場合の分配関数 z_1 を、$3N$ 乗したものを $N!$で除したものであり

$$Z_3(N) = \frac{{z_1}^{3N}}{N!} = \frac{1}{N!}\left(\frac{L}{h}\sqrt{\frac{2\pi m}{\beta}}\right)^{3N} = \frac{1}{N!}\frac{L^{3N}}{h^{3N}}\left(\frac{2\pi m}{\beta}\right)^{\frac{3N}{2}}$$

となっている。

整理すると、自由度 1 の分配関数を z_1 とすると、3 方向では、自由度が 3 になるので、その分配関数は z_1 を 3 乗した ${z_1}^3$ となる。

N 個の粒子が、1 方向のみを運動する系では自由度が N となる。このとき、分配関数は z_1 を N 乗した ${z_1}^N$ となる。ただし、粒子が区別できない場合には $N!$で除した ${z_1}^N/N!$ が系の分配関数となる。

N 個の粒子が、3 次元空間を運動する系では自由度が $3N$ となり、このときの分配関数は z_1 を $3N$ 乗した ${z_1}^{3N}$ となる。粒子が区別できない場合には、$N!$で除し

た $z_1{}^{3N}/N!$ が系の分配関数となる。

よって、より一般的には、相互作用のない粒子の運動の場合、自由度 1 の分配関数がわかれば、それを自由度に応じた数で累乗すれば、系の分配関数が得られることになる。そして、粒子の区別ができない場合には、粒子数が N ならば、最後に $N!$で割ればよいのである。

演習 1-8　1 次元の調和振動子のエネルギーは

$$E = \frac{p_x{}^2}{2m} + \frac{1}{2}kx^2$$

と与えられる。このとき、N 個の調和振動子のエネルギーを求めよ。ただし、m は振動子の質量、k はばね定数、p_x は運動量、x は中心からの距離である。また、振動子間に相互作用はないものとする。

解）　振動の幅 x に上限はないので、1 個の調和振動子の分配関数は

$$z_1 = \frac{1}{h}\int_{-\infty}^{\infty}\int_{-\infty}^{\infty} \exp\left(-\frac{(p_x{}^2/2m)+(kx^2/2)}{k_{\mathrm{B}}T}\right)dp_x dx$$

$$= \frac{1}{h}\int_{-\infty}^{\infty}\exp\left(-\frac{p_x{}^2}{2mk_{\mathrm{B}}T}\right)dp_x \int_{-\infty}^{\infty}\exp\left(-\frac{kx^2}{2k_{\mathrm{B}}T}\right)dx$$

$$= \frac{1}{h}\sqrt{2\pi mk_{\mathrm{B}}T}\cdot\sqrt{\frac{2\pi k_{\mathrm{B}}T}{k}} = \frac{2\pi}{h}\sqrt{\frac{m}{k}}k_{\mathrm{B}}T$$

となる。ここで、逆温度 β を使うと

$$z_1 = \frac{2\pi}{h}\sqrt{\frac{m}{k}}k_{\mathrm{B}}T = \frac{2\pi}{h}\sqrt{\frac{m}{k}}\beta^{-1}$$

であるから、1 個の振動子のエネルギー u は

$$u = -\frac{1}{z_1}\frac{\partial z_1}{\partial \beta} = \frac{1}{\beta} = k_{\mathrm{B}}T$$

となる。振動子間に相互作用がないので、N 個の系では

$$U(N) = Nu = Nk_{\mathrm{B}}T$$

となる。

$U(N)$ は、N 個の粒子が有する内部エネルギーに相当する。それでは、N 個の粒子系の分配関数を求めたうえで、内部エネルギーを計算してみよう。

粒子を区別することができないとすると

$$Z(N) = \frac{Z^N}{N!} = \frac{1}{N!}\left(\frac{2\pi}{h}\sqrt{\frac{m}{k}}k_B T\right)^N = \frac{1}{N!}\left(\frac{2\pi}{h}\sqrt{\frac{m}{k}}\right)^N \beta^{-N}$$

から

$$U(N) = -\frac{1}{Z(N)}\frac{\partial Z(N)}{\partial \beta} = \frac{N}{\beta} = Nk_B T$$

となり、同じ結果が得られる。

これまでは、空間を自由に移動できる気体分子を取り扱ってきた。このため、位置エネルギーは 0 としてきたが、重力が無視できない空間での気体分子の運動も考えてみたい。これは、地球上で、高さ方向に長い筒の中の気体分子の運動に相当する。

演習 1-9　3 次元空間において、z 方向に重力が働いている状態で運動している 1 個の気体分子（質量 :m）の平均エネルギーを求めよ。ただし、気体分子が xy 方向で動ける範囲は $0 \leq x \leq L$，$0 \leq y \leq L$ とし、重力加速度を g とする。

解）　質量 m の気体分子 1 個のエネルギーは

$$E = \frac{{p_x}^2 + {p_y}^2 + {p_z}^2}{2m} + mgz$$

となる。

よって、分配関数 Z は

$$Z = \frac{1}{h^3}\int_{-\infty}^{\infty} dp_x \int_{-\infty}^{\infty} dp_y \int_{-\infty}^{\infty} dp_z \int_0^L dx \int_0^L dy \int_0^{\infty} dz \exp\left\{-\beta\left(\frac{{p_x}^2 + {p_y}^2 + {p_z}^2}{2m} + mgz\right)\right\}$$

ただし、重力の作用する範囲は、地上を 0 として $z \geq 0$ としている。

この積分は分解できて

$$Z = \frac{L^2}{h^3}\int_{-\infty}^{\infty}\int_{-\infty}^{\infty}\int_{-\infty}^{\infty}\exp\left(-\beta\frac{{p_x}^2+{p_y}^2+{p_z}^2}{2m}\right)dp_x\,dp_y\,dp_z\int_0^{\infty}\exp(-\beta mgz)\,dz$$

となる。すでに求めたように

$$\int_{-\infty}^{\infty}\int_{-\infty}^{\infty}\int_{-\infty}^{\infty}\exp\left(-\beta\frac{{p_x}^2+{p_y}^2+{p_z}^2}{2m}\right)dp_x\,dp_y\,dp_z = \left(\frac{2\pi m}{\beta}\right)^{\frac{3}{2}}$$

である。つぎに

$$\int_0^{\infty}\exp(-\beta mgz)\,dz = \left[-\frac{\exp(-\beta mgz)}{\beta mg}\right]_0^{\infty} = \frac{1}{\beta mg}$$

であるので、分配関数は

$$Z = \frac{L^2}{h^3}\left(\frac{2\pi m}{\beta}\right)^{\frac{3}{2}}\frac{1}{\beta mg} = \frac{2\pi L^2\sqrt{2\pi m}}{gh^3}\beta^{-\frac{5}{2}}$$

と与えられる。

　よって

$$\frac{\partial Z}{\partial \beta} = -\frac{5\pi L^2\sqrt{2\pi m}}{gh^3}\beta^{-\frac{7}{2}}$$

から、平均エネルギーは

$$< E > = -\frac{1}{Z}\frac{\partial Z}{\partial \beta} = \frac{5}{2}\beta^{-1} = \frac{5}{2}k_{\mathrm{B}}T$$

となる。

　つまり、重力による位置エネルギーが作用すると、粒子 1 個あたり $k_{\mathrm{B}}T$ だけエネルギーが増えることになる。ここで

$$\int_0^{\infty}\exp(-\beta mgz)\,dz = \frac{1}{\beta mg}$$

という積分の単位についてみてみよう。

　被積分関数が無次元のボルツマン因子であるから、高さの z に関して積分すれば、単位は長さの [m] となるはずである。

実際、右辺をみると、$1/\beta$ の単位はエネルギーの [J]、mgz の単位も [J] であるから mg では [J/m] となり、単位が [m] となることが確かめられる。

ところで、分配関数 Z の先頭には L^2/h^3 がついているが、この [m] を乗じることで単位は L^3/h^3 と等価となり、無次元となることも確かめられる。

1.3. 古典的近似

実は、積分型の分配関数は、古典論的な近似と呼ばれている。なぜならば、統計力学で扱うミクロ粒子は、量子力学に従うので、本来、そのエネルギーは離散型となるからである。分配関数を積分で計算するということは、量子化されたエネルギーが連続と近似していることになる。

ただし、離散的なエネルギー状態をすべて求め、それをさらに足し合わせるという作業は、かなり煩雑である。したがって、エネルギーが連続であると近似し、積分によって分配関数を求めるほうが簡単となる。

本書では、統計力学の応用として、いろいろな事例に対して分配関数を導出していくが、その際、それぞれの事例に対し、柔軟な対応をしていくことになる。たとえば、比熱が計算したい場合には、内部エネルギーが主役となるので、分配関数

$$Z = \int_0^\infty \exp\left(-\frac{E}{k_\mathrm{B}T}\right) D(E)dE \;\; = \int_0^\infty \exp(-\beta E)\, D(E)dE$$

を計算してから、内部エネルギーを求めるのではなく

$$U = \int_0^\infty E\exp\left(-\frac{E}{k_\mathrm{B}T}\right) D(E)dE \;\; = \int_0^\infty E\,\exp(-\beta E)\, D(E)dE$$

という積分によって、直接内部エネルギーを求めるという手法も適用する。なにごとも、臨機応変の対応が重要なのである。

補遺 1-1　ボルツマン因子

統計力学において、**熱平衡状態** (thermal equilibrium condition) におけるエネルギー (E : energy) と温度 (T : temperature) の関係を論ずる場合、つぎの**ボルツマン因子** (Boltzmann factor) が登場する。

$$e^{-\frac{E}{k_B T}} = \exp\left(-\frac{E}{k_B T}\right)$$

この因子は、一定の温度 T において、系のエネルギーが E となる確率に比例する。ただし、k_B は**ボルツマン定数** (Boltzmann constant) であり、1.38×10^{-23} [J/K] である。本補遺では、この因子の導出を行う。

ところで、多くの読者には、つぎの**アレニウスの式** (Arrhenius equation) に対し親近感があるのではないだろうか。

$$v = A\exp\left(-\frac{E_a}{RT}\right)$$

これは、A を定数として、ある温度 T における化学反応の速度 (v) を表現する式である。ここで、R は**気体定数** (gas constant) であり 8.31 [J/mol･K]となる。T は絶対温度であり単位は [K] となる。 N_A をアボガドロ数の 6.03×10^{23} [mol^{-1}] とすると、$R = k_B N_A$ という関係にある。

この式は、1884 年にアレニウスが、化学反応の実験結果を説明するために導入した式である。ただし、反応速度は、原料の濃度などに依存するため、一般的には、反応速度 v ではなく、**反応速度定数** (reaction rate constant) である $k(T)$ を用いた次式

$$k(T) = A\exp\left(-\frac{E_a}{RT}\right)$$

を採用する。

ここで、E_a は**活性化エネルギー** (activation energy) と呼ばれ、化学反応において、E_a 以上のエネルギーを有する分子だけが、エネルギー障壁を越えて、反応が

進むと解釈されている。つまり、E_a 以上のエネルギーを有する分子の割合 $p\,(E \geq E_a)$ が、ボルツマン因子に比例することを示している。

$$p\,(E \geq E_a) \;\propto \exp\left(-\frac{E_a}{RT}\right)$$

アレニウス式の両辺の対数をとると

$$\ln k(T) = -\frac{E_a}{RT} + \ln A$$

となる。

ここで、反応速度定数 $k(T)$ の対数 $\ln k(T)$ と温度の逆数 $1/T$ をグラフ化すると、図 A1-1 に示すように、その傾きから**活性化エネルギー** E_a が求められる。これを**アレニウス-プロット** (Arrhenius plot) と呼んでおり、化学反応を扱う分野で重宝されている。熱活性化現象や半導体のエネルギーギャップを求める場合などにも、この式が利用される。

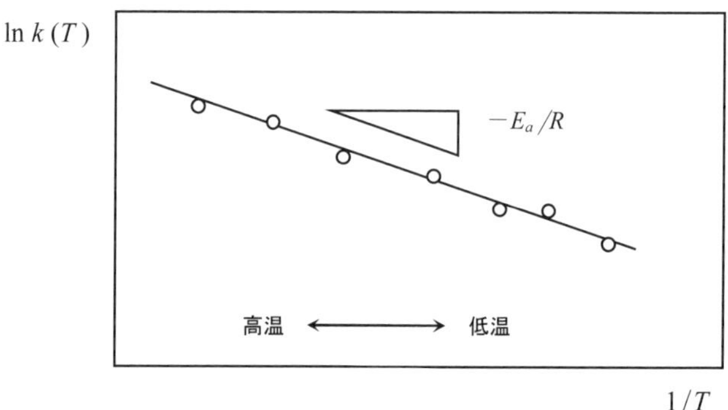

図 A1-1 アレニウス-プロットの模式図

アレニウスの式は、あくまでも、実験式として提案されたが、その後、ボルツマン因子に関して理論的な根拠が与えられるようになった。ただし、ボルツマン因子としては、気体定数 R ではなく、それをアボガドロ数 N_A で除した**ボルツマン定数** (Boltzmann constant) である $k_B\,(=R/N_A)$ を用いるのが一般的である。

ここで、RT は、温度 T にある 1 [mol] の気体が有するエネルギー、k_BT は、温度 T にある気体の中の分子 1 個の平均エネルギーとなる。

A1. 1.　気体の濃度とボルツマン因子

地球上で生活しているわれわれは、地に足がついている。この原因は、われわれが地球の重力によって地球の中心方向に引力を受けているからである。重力は、地球の引力圏に存在するあらゆる物体に働いている。このため、海の水は地球にへばりついている。

ところで、われわれのまわりには空気があり、その中の成分である酸素を呼吸して生きている。もし、酸素がなければたちどころに人類は滅亡してしまう。

ここで、疑問が湧く。酸素分子も質量 m を有している。とすると、mg という引力を地球から受けている。それならば、人間と同様に、本来なら地表にへばりついてもおかしくない。

ところが、空気の層は、かなりの高さまで分布している。なぜだろうか。この理由は、酸素分子が**熱運動** (thermal motion) しているからである。もし、熱運動がなければ、われわれは酸素を呼吸することができずに死んでしまうであろう。

それでは、この酸素分子の分布はどうなっているのだろうか。熱運動をしているといっても、やはり、地表面では、その濃度が高く、高くなるにしたがって、その数は減っていくはずである。実は、高度による酸素分子の分布を示すのが**ボルツマン分布** (Boltzmann distribution) なのである。

それでは、酸素分子の高さ方向の分布を導出しよう。理想気体は次の**状態方程式** (equation of state) に従う。

$$PV = nRT$$

この式から、気体に及ぼす温度効果を知ることができる。ただし、P [N/m^2] は気体の圧力、V[m^3] は体積、n [mol] はモル数、T[K] は温度である。また、R は前出の気体定数である。

ここで、図A1-2のような単位面積の断面を持つ円筒の中の空気分子を考える。下面の高さを z [m]、上面の高さを $z+\Delta z$ [m] とする。すると、下面にかかる圧力は、この円筒の中に存在する気体分子の分だけ大きくなるはずである。ここで、気体分子 1 個の重さを m [kg]、重力加速度を g [m/s^2]、気体分子の数密度を $N(z)$ [m^{-3}]とすると

$$P(z) - P(z+\Delta z) = mg\, N(z)\, \Delta V$$

という関係にある。

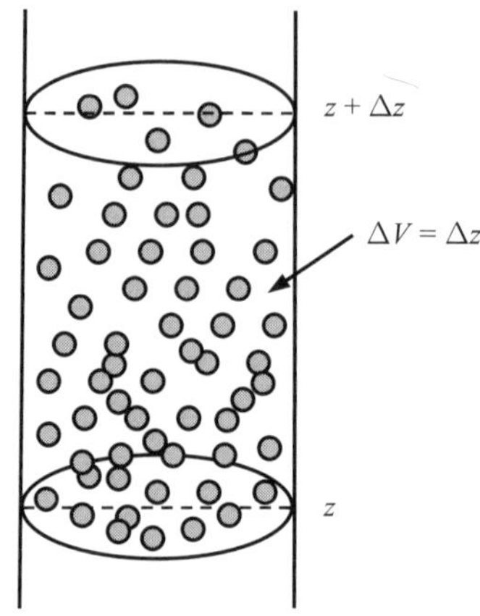

図 A1-2　地上からの高さ z 近傍にある単位断面積の円筒状の空気層

ここで、断面は単位面積の 1 [m^3] としているので $\Delta V = \Delta z$ から

$$P(z) - P(z + \Delta z) = mg\, N(z)\, \Delta z$$

となる。

つぎに、z 近傍の領域で、気体の状態方程式

$$P(z)\, V = nRT$$

を考える。

ここで $R = k_B N_A$ であり、気体分子の数 M は

$$M = n N_A$$

と与えられるので

$$P(z) = \frac{n}{V} RT = \frac{nN_A}{V} \frac{R}{N_A} T = \frac{M}{V} k_B T = N(z) k_B T$$

となる。

ここで、微分の定義式

$$\lim_{\Delta z \to 0} \frac{P(z + \Delta z) - P(z)}{\Delta z} = \frac{dP(z)}{dz}$$

において Δz が充分小さいとすると

$$P(z+\Delta z)-P(z)=\frac{dP(z)}{dz}\Delta z$$

とおける。先ほど求めた

$$P(z)-P(z+\Delta z)=mgN(z)\Delta z$$

に代入すると

$$-\frac{dP(z)}{dz}\Delta z=mgN(z)\Delta z$$

と変形でき、Δz を除すと

$$-\frac{dP(z)}{dz}=mgN(z)$$

という微分方程式が得られる。

ここで、状態方程式

$$P(z)=N(z)k_{\mathrm{B}}T$$

を上式に代入して、$N(z)$ に関する方程式に変形すると

$$-k_{\mathrm{B}}T\frac{dN(z)}{dz}=mgN(z)$$

から

$$\frac{d\,N(z)}{N(z)}=-\frac{mg}{k_{\mathrm{B}}T}dz$$

という変数分離型の微分方程式が得られる。

両辺を積分すると

$$\int\frac{dN(z)}{N(z)}=-\frac{mg}{k_{\mathrm{B}}T}\int dz$$

より

$$\ln N(z)=-\frac{mgz}{k_{\mathrm{B}}T}+C$$

となる。ただし、C は積分定数である。

したがって、高さ方向の気体分子の濃度は

$$N(z)=A\exp\left(-\frac{mgz}{k_{\mathrm{B}}T}\right)$$

と与えられる。

ただし、$A\,(=e^C)$ は定数である。いまの場合は

$$N(0)=A\exp\left(0\right)=A$$

となって、地表面 $(z=0)$ での空気の濃度 $N(0)$ となる。

ここで、指数関数のべきの分子は mgz であるからポテンシャルエネルギーである。よって、これを E_z と書くと

$$N(z)=N(0)\exp\left(-\frac{E_z}{k_{\mathrm{B}}T}\right)=N(0)\exp\left(-\frac{mgz}{k_{\mathrm{B}}T}\right)$$

という関係が得られ、ボルツマン因子が導出できる。

これは、ある一定の温度 T の状態にある気体分子では、E_z のポテンシャルエネルギーを有する分子の数は $\exp(-E_z/k_{\mathrm{B}}T)$ という因子に比例するということを示している。

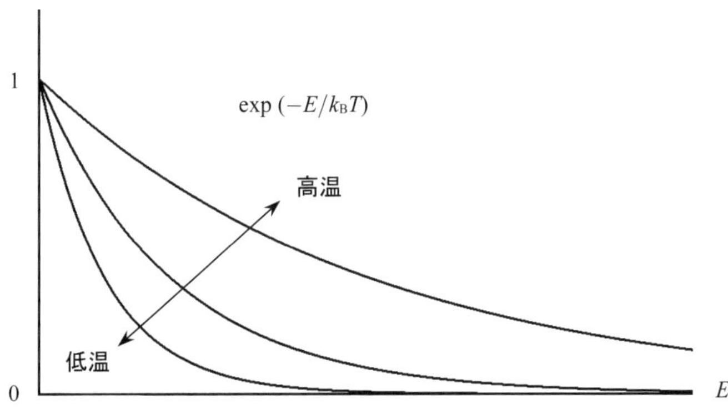

図 A1-3 ボルツマン因子 $\exp(-E/k_{\mathrm{B}}T)$ のエネルギー E 依存性。エネルギーが大きくなると、指数関数的に減少していく。温度 T が高くなると、減少の度合いが小さくなる。つまり、高温では、高エネルギー側に分布がシフトすることになる。

ところで、E_z は、気体分子のポテンシャルエネルギーであったが、これを、一般のエネルギーに拡張すると、一定温度 T においては、エネルギーが大きい気体分子の数はどんどん減少していくことに対応している。

これをもっと一般化すると、絶対温度 T で平衡状態にある多くの粒子からなる系においては、その粒子がエネルギー E の状態を占有する確率は

$$e^{-\frac{E}{k_B T}} = \exp\left(-\frac{E}{k_B T}\right)$$

に比例すると表現することができる。

A1. 2.　気体の運動エネルギー

ところで、上記の取り扱いでは、気体の運動エネルギーには注目していない。実際に、温度 T にある気体分子のすべては、一定の速度 v で運動しているのではなく、ある速度分布をもって運動していると考えられる。そして、v は平均速度である。

ここで、x 方向の平均速度を v_x とすれば

$$\frac{1}{2}m{v_x}^2 = \frac{1}{2}k_B T$$

という関係にあり、3 次元空間では

$$\frac{1}{2}m({v_x}^2 + {v_y}^2 + {v_z}^2) = \frac{3}{2}k_B T$$

となる。そして、その速度分布は

$$\exp\left(-\frac{mv^2}{2k_B T}\right)$$

と与えられるのである。

まず、運動エネルギーは $E_K = (1/2)mv^2$ であるから、上式は

$$\exp\left(-\frac{mv^2}{2k_B T}\right) = \exp\left(-\frac{E_K}{k_B T}\right)$$

となりボルツマン因子のエネルギー項に運動エネルギーを代入したものとなる。

ところで、気体分子の速度分布は、**正規分布** (normal distribution) に従うと考えられる。そして、その平均は 0 となる。これは、左右上下方向で、速度はプラスマイナスが平均化され、0 となることを意味している。たとえば、箱に封入された気体分子の平均速度が 0 でなく、ある速度成分を有するとすれば、箱は、その方向に動くはずだからである。

そして、平均速度が 0 の正規分布は、b を定数、v を速度として

$$\exp(-bv^2)$$

という分布関数を有する。

あとは、係数 b を決めることになるが、v^2 の項が入っている物理変数としては、運動エネルギー $(1/2)mv^2$ がすぐに思い浮かぶ。さらに、この式が、物理的な意味を有するためには、e のべきが無次元とならなければならない。さらに、温度 T の影響を取り入れることを考えれば、分母は、自然と、エネルギーに対応した k_BT となるはずである。したがって

$$b=\frac{m}{2k_BT}$$

となり、分布関数としてボルツマン因子

$$\exp\left(-\frac{mv^2}{2k_BT}\right)$$

が得られることになる。

ここで、気体分子の総エネルギー E_T は、運動エネルギー E_K と位置エネルギー E_z の和となる。よって

$$E_T = E_K + E_z = \frac{1}{2}m({v_x}^2 + {v_y}^2 + {v_z}^2) + mgz$$

これをボルツマン因子のエネルギー項に代入すれば

$$\exp\left(-\frac{E_T}{k_BT}\right) = \exp\left(-\frac{\frac{1}{2}m({v_x}^2 + {v_y}^2 + {v_z}^2) + mgz}{k_BT}\right)$$

となる。右辺のボルツマン因子は

$$\exp\left(-\frac{m{v_x}^2}{2k_BT}\right)\exp\left(-\frac{m{v_y}^2}{2k_BT}\right)\exp\left(-\frac{m{v_z}^2}{2k_BT}\right)\exp\left(-\frac{mgz}{k_BT}\right)$$

のように、項別の積に分解できる。このように分解できることは、分配関数の導出において、大変便利である。

補遺 1-2　熱力学変数

統計力学を実際の系の解析に応用する場合には、取り扱う変数について整理しておく必要がある。まず、気体を扱う場合、つぎの気体の**状態方程式** (equation of state) が基本となる。

$$PV = nRT$$

P は気体の**圧力** (pressure)、V は**体積** (volume)、T は**温度** (temperature) であり、n は**モル数** (molar number)、R は**気体定数** (gas constant) である。ただし、統計力学においては、気体分子の数を N として

$$PV = Nk_{\mathrm{B}}T$$

を使う。このとき、k_{B} は**ボルツマン定数** (Boltzmann constant) であり、すでに紹介したように、気体定数 R とは

$$k_{\mathrm{B}} = R / N_{\mathrm{A}}$$

の関係にある。ただし、N_{A} は**アボガドロ数** (Avogadro's number) である。

$R = 8.31$ [J/K･mol] であり、$N_{\mathrm{A}} = 6.02\times10^{23}$ [mol^{-1}] であるから、k_{B} は

$$k_{\mathrm{B}} = 1.38\times10^{-23} \text{ [J/K]}$$

と与えられる。

状態方程式には、P, V, N, T の 4 変数があるが、式が 1 個であるから、3 変数がわかれば、状態が決まることになる。このとき、P, T は**示強変数** (intensive variable)、N, V は**示量変数** (extensive variable) である。

また、熱力学ならびに統計力学で重要となるのが**熱力学関数** (thermodynamic function) である。熱力学関数とは、**内部エネルギー** (internal energy) U、**ヘルムホルツの自由エネルギー** (Helmholtz free energy) F と**ギブスの自由エネルギー** (Gibbs free energy) G などである。この他にも**エンタルピー** (enthalpy) H がある。主要な熱力学関数を、その熱力学変数とともに表 A1-1 に示す。

表 A1-1　熱力学関数と変数

熱力学関数	変数
内部エネルギー U	S, V, N
ヘルムホルツ自由エネルギー $F = U - TS$	T, V, N
ギブス自由エネルギー $G = H - TS$	T, P, N

ここで、熱力学と統計力学で主役を演じながら、その位置づけがあいまいなものに、**エントロピー** (entropy) S がある。S については、熱力学関数と考える場合と、変数に位置付ける場合がある。上記の表では、S は内部エネルギー U の自然な変数に位置づけられている。

一方で、熱的平衡状態では、エントロピー S が最大になるという条件から系の状態が決まるので、主役を演じることになる。統計力学におけるミクロカノニカル、カノニカル、グランドカノニカル集団のいずれにおいても、その導入ではエントロピー最大が系の安定条件としている。

しかし、S は直接測定できる物理量ではない。そのため、統計力学の応用においては、主として変数として登場するのは、T, V, N である。よって、表 A1-1 に示すように、内部エネルギー U の自然な変数は、S, V, N であるが、一般には

$$U = U(T, V, N)$$

が使われることが多い。応用を考えれば、測定できない S よりも測定可能な T のほうが便利だからである。

また、統計力学基礎編の導入でも紹介したように、N は一定として、N を除いた 2 変数で熱力学関数間の関係を議論する場合も多い（変数の数は少ないほうがわかりやすいからである）。ここでは、N も入れた 3 変数をもとに論を進めていく。

ここで、ヘルムホルツの自由エネルギー F は

$$F = U - TS$$

と与えられるが、変数を示して

$$F(T, V, N) = U(T, V, N) - TS(T, V, N)$$

と表記する。

本書で登場する分配関数も、多くの場合

$$Z = Z(T, V, N)$$

のように、T, V, N の関数として取り扱う。たとえば、ヘルムホルツの自由エネルギー F は

$$F(T, V, N) = -k_\mathrm{B} T \ln Z(T, V, N)$$

と与えられる。さらに、内部エネルギー U については

$$U(T,V,N) = k_\mathrm{B} T^2 \left(\frac{\partial Z(T,V,N)}{\partial T} \right)_{V,N}$$

となる。このように、統計力学では 3 変数が基本なので、関数間の関係を取り扱う際には、**偏微分** (partial derivative) が登場する。

ところで、偏微分を使用する場合には、変数が何であるのかを明記し、上記の表式のように、Z において V, N を一定にして、T に関して微分しているということも明示しなければならない。しかし、この表記は、煩雑であるため

$$U = k_\mathrm{B} T^2 \frac{\partial Z}{\partial T}$$

という略記法が使われる。

変数が明示されていない際には、前後の文脈などから Z の変数が T, V, N であることを読み取る必要がある。

さらに、分配関数 Z は、温度 T のかわりに逆温度 $\beta\,(=1/k_\mathrm{B}T)$ を使って

$$Z = Z(\beta, V, N)$$

とする場合も多い。

このとき、内部エネルギーは

$$U(\beta,V,N) = -\left(\frac{\partial \ln Z(\beta,V,N)}{\partial \beta} \right)_{V,N}$$

と与えられる。この場合も、略記法が使われ

$$U = -\frac{\partial \ln Z}{\partial \beta}$$

と表記されることが多い。明らかに、V, N が一定であり、Z が β のみの関数であるときは

$$U = -\frac{d \ln Z}{d\beta}$$

のように、常微分として表記する場合もある。

また、3 変数の選び方については、どのような条件を想定するかによって異なるが、ミクロカノニカル集団では、E, V, N のように内部エネルギーに相当する E を変数とする。この場合、エントロピーは

$$S = S(E, V, N)$$

となり、ボルツマンの原理は

$$S(E, V, N) = k_B \ln W(E, V, N)$$

と与えられる。$W(E, V, N)$ は、状態数である。このとき、内部エネルギー E が与えられたときの状態数を求めるのが重要となる。

グランドカノニカル集団では、すべて可能な粒子数 N を足し合わせて大分配関数を求めているので、その場合の 3 変数は

$$Z_G = Z_G(T, V, \mu)$$

となる。

ここで、μ は**化学ポテンシャル** (chemical potential) である。μ は 1 個の粒子が有するエネルギーであり、示強変数である。このとき、$N\mu$ が N 個からなる系のエネルギーとなる。

ところで、エネルギーにはいろいろな形態がある。たとえば、本書では磁性体についても取り扱うが、その際は、エネルギーを決める変数として磁場 H や磁気モーメント M が入ってくる。分配関数を計算するには、これら変数のエネルギーへの寄与を求める必要がある。その取扱いについては、補遺 5-1 を参照いただきたい。

補遺 1-3　ガウス積分

ガウス積分は

$$f(x) = \exp(-ax^2) \qquad (a > 0)$$

のかたちをした関数を $-\infty$ から $+\infty$ まで積分したときの値を与えるものである。この関数を図示すると図 A1-4 に示したようなグラフとなる。 $x = 0$ にピークを持ち、x の絶対値の増加とともに急激に減衰する。よって、無限の範囲で積分しても有限の値を持つことがわかる。それほど複雑な関数ではないので、簡単に積分できそうだが、見た目ほど単純ではなく、この積分の解法には工夫を要する。

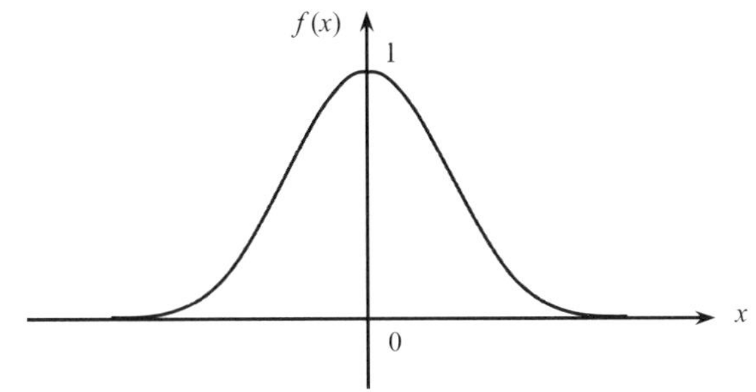

図 A1-4　$f(x) = \exp(-ax^2)$ のグラフ

ここで、この積分の値を I と置こう。

$$I = \int_{-\infty}^{\infty} \exp(-ax^2)\, dx$$

つぎに、まったく同様な y の関数の積分を考え

$$I = \int_{-\infty}^{\infty} \exp(-ay^2)\, dy$$

とし、これら積分の積を求めると

$$I^2 = \int_{-\infty}^{\infty} \exp(-ax^2)\,dx \cdot \int_{-\infty}^{\infty} \exp(-ay^2)\,dy$$

となるが、これをまとめて

$$I^2 = \int_{-\infty}^{\infty}\int_{-\infty}^{\infty} \exp\left\{-a(x^2+y^2)\right\} dxdy$$

という 2 **重積分** (double integral) のかたちに変形できる。

この積分 I^2 は

$$z = \exp\left\{-a(x^2+y^2)\right\}$$

という関数の体積に相当する。

ここで、直交座標 (x, y) を極座標 (r, θ) に変換すると

$$x = r\cos\theta \qquad y = r\sin\theta$$

$$x^2 + y^2 = r^2$$

となるが、微分係数は

$$dx = \cos\theta dr - r\sin\theta d\theta \qquad dy = \sin\theta dr + r\sin\theta d\theta$$

となるので

$$dxdy = (\cos\theta dr - r\sin\theta d\theta)(\sin\theta dr + r\cos\theta d\theta) = rdrd\theta$$

という変換が必要となる。

また、座標変換にともなって、積分範囲は

$$-\infty \le x \le \infty,\ -\infty \le y \le \infty \quad \to \quad 0 \le r \le \infty,\ 0 \le \theta \le 2\pi$$

と変わる。

よって

$$I^2 = \int_0^{2\pi}\int_0^{\infty} \exp(-ar^2)\, rdr\, d\theta$$

と置き換えられる。まず

$$\int_0^{\infty} \exp(-ar^2)\, rdr$$

の積分を計算する。$r^2 = t$ と置くと $2rdr = dt$ であるから

$$\int_0^\infty \exp(-ar^2)rdr = \int_0^\infty \frac{\exp(-at)}{2}dt = \left[-\frac{\exp(-at)}{2a}\right]_0^\infty = \frac{1}{2a}$$

と計算できる。よって

$$I^2 = \int_0^{2\pi}\int_0^\infty \exp(-ar^2)rdrd\theta = \int_0^{2\pi}\frac{1}{2a}d\theta = \left[\frac{\theta}{2a}\right]_0^{2\pi} = \frac{\pi}{a}$$

$$I = \pm\sqrt{\frac{\pi}{a}}$$

となるが、I の値は正であるので、結局

$$\int_{-\infty}^\infty \exp(-ax^2)dx = \sqrt{\frac{\pi}{a}}$$

と与えられる。

いま、求めたガウス積分が a の関数と考え、両辺を a で微分してみよう。

すると、左辺は

$$\frac{d}{da}\left\{\int_{-\infty}^\infty \exp(-ax^2)dx\right\} = -\int_{-\infty}^\infty x^2\exp(-ax^2)dx$$

となる。

つぎに右辺は

$$\sqrt{\frac{\pi}{a}} = \sqrt{\pi}a^{-\frac{1}{2}}$$

より

$$\frac{d}{da}\left(\sqrt{\frac{\pi}{a}}\right) = -\frac{1}{2}\sqrt{\pi}a^{-\frac{3}{2}}$$

となる。したがって

$$\int_{-\infty}^\infty x^2\exp\left(-ax^2\right)dx = \frac{\sqrt{\pi}}{2}a^{-\frac{3}{2}}$$

となる。

第 2 章　2 原子分子気体

本章から、いよいよ、統計力学の手法を用いて、いろいろな系の解析を行っていく。代表的な事例を扱っていくが、計算の都合上、高度な数学手法を使う場合もある。その際には、適宜、補遺などに説明を付している。じっくり取り組めばわかるはずなので、腰を据えて取り組んでほしい。

単原子分子 (monoatomic molecule) からなる理想気体の統計力学的な解析については前著の「統計力学―基礎編」で紹介した。しかし、**希ガス** (noble gas) 以外の気体分子は複数の原子が結合してできている。そこで、本章では多原子分子からなる理想気体（分子間の相互作用のない気体）を取り扱う演習として、もっとも基本的な 2 **原子分子** (diatomic molecule) からなる気体の解析を紹介する。

この場合の基本は、ボルツマン因子

$$\exp\left(-\frac{E}{k_B T}\right)$$

のエネルギー項 E に入る成分をすべて積算することである。

1 原子分子では、運動エネルギーだけを考えればよかったが、2 原子分子では、何が新たなエネルギー成分となるのであろうか。

2. 1.　運動の自由度

2 原子分子の運動を解析する準備として、運動の**自由度** (degree of freedom) について復習してみる。

ここでは、つぎのケースを想定する。すなわち、2 個の原子 1 および 2 が長さ不変の棒でつながっており、その棒の質量は無視できるものとする。このような 2 原子分子の運動の模式図を図 2-1 に示す。

まず、複数の質点からなる系の運動を解析するには、その**重心** (the center of gravity) の運動を考えるのが常套手段である。ここで、2 原子分子の重心の**並進**

運動 (translational motion) は、3 次元空間では x, y, z 方向の 3 個の自由度がある。

この運動に相当するエネルギーは単原子分子の場合と全く同様に考えられ

$$E = \frac{p_x{}^2 + p_y{}^2 + p_z{}^2}{2(m_1 + m_2)}$$

となる。ただし、m_1, m_2 は 2 個の原子の質量であり、2 原子分子の質量は、その和となる。

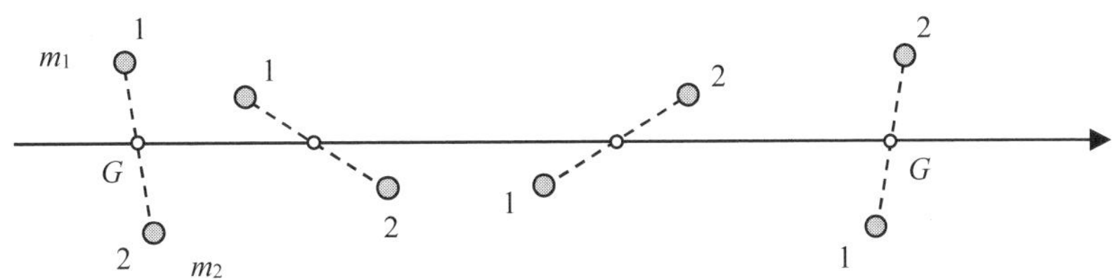

図 2-1　2 原子分子の運動：重心 (G) の並進運動

それでは、並進運動以外の運動について考えてみよう。原子が 2 個の場合、図 2-2 のように、重心のまわりを自由に回転することができる。よって、2 原子分子では、この**回転運動** (rotational motion) に伴うエネルギーも考える必要がある。それでは、回転の自由度はいくつなのだろうか。ここで、図 2-2 を参照しながら、重心 G（これを 3 次元空間の原点とする）に対して、2 個の原子の位置を決める方法を考えてみよう。

まず、原子 1 の重心からの距離は r_1 と一定である。よって、原子 1 は、重心を中心とする半径 r_1 の球面上のどこかに位置することになる。一方、原子 2 の重心からの距離を r_2 とすると、その位置は、原子 1 の位置が決まれば、自動的に決まってしまう。したがって、自由度という観点からは、原子 1 の位置をいかに指定するかを考えればよいことになる。

これは、ちょうど地球の地表の位置を指定する方法とまったく同じである。地球の場合、**緯度** (latitude) と**経度** (longitude) を指定すれば、位置が決まる。たとえば、東京都千代田区の位置は、東経 139°　45'、北緯 35°　41' である。この 2 個の変数でただ一点が決まることになる。

半径が決まった球の場合もまったく同様である。よって、重心のまわりの 2 個の原子の回転にともなう自由度は 2 となる。ただし、極座標においては、緯度の代わりに**天頂角** (zenith angle : θ) を採用する。このとき、角度の単位をラジアン [rad] とすると、北極から 0 から π までで、球面上のすべての範囲をカバーできる。地球の緯度のように、赤道を中心とすると、北緯と南緯の 2 種類が必要になる。

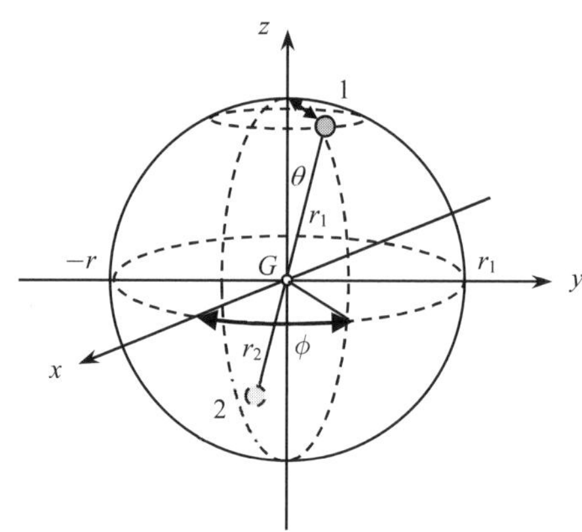

図 2-2　2 個の原子の重心のまわりの回転。ここでは重心を原点としている。

一方、経度については x 軸からの角度を使えば、0 から 2π までで、球面上のすべての範囲をカバーできる。これを**方位角** (azimuth angle : ϕ) と呼んでいる。したがって、並進運動の自由度 3 に、この回転運動の自由度 2 を加えて、2 原子分子の運動の自由度は 5 となるのである。

ところで、**エネルギー等分配の法則**[3] (law of equipartition of energy) によると、1 自由度あたりのエネルギーは $(1/2)\,k_B T$ であったから、2 原子分子の平均エネルギーは $(5/2)\,k_B T$ となる。1 [mol] あたりでは

$$U = (5/2)RT$$

となるので、定積比熱 C_V は

[3] 系のもつ自由度ごとに、一定のエネルギー $(1/2)\,k_B T$ が配分されるという法則。もし、一定ではないとすると、ある運動だけが優先して生じることになる。このようなことは、実際に観察されないので、エネルギーは等分配されると考えるのが合理的である。

$$C_V = \left(\frac{\partial U}{\partial T}\right)_V = \frac{5}{2}R \qquad [\mathrm{J/mol \cdot K}]$$

となるはずである。それでは、実際に回転運動にともなうエネルギーを考えてみよう。

2. 2.　回転運動

2 原子分子の回転の自由度は 2 であり、重心のまわりの天頂角に沿った回転と、方位角に沿った回転が考えられる。

まず、2 原子の回転として、図 2-2 の天頂角方向の回転を考える。このとき

$$\omega_\theta = \frac{d\theta}{dt}$$

は、**角速度** (angular velocity) と呼ばれるものであり、お互いつながって回転しているのであるから、原子 1 および 2 に共通である。これら 2 原子の回転運動の中心（いまの場合、重心）からの距離を r_1, r_2 とすると、それぞれの回転の速さは

$$v_1 = r_1\,\omega_\theta = r_1\frac{d\theta}{dt} \qquad v_2 = r_2\,\omega_\theta = r_2\frac{d\theta}{dt}$$

となる。運動エネルギーは、それぞれ

$$\frac{1}{2}m_1 v_1^{\,2} = \frac{1}{2}m_1 r_1^{\,2}\omega_\theta^{\,2} \qquad \frac{1}{2}m_2 v_2^{\,2} = \frac{1}{2}m_2 r_2^{\,2}\omega_\theta^{\,2}$$

となるので、θ 方向の回転に関する運動エネルギーは

$$T_\theta = \frac{1}{2}m_1 v_1^{\,2} + \frac{1}{2}m_2 v_2^{\,2} = \frac{1}{2}m_1 r_1^{\,2}\omega_\theta^{\,2} + \frac{1}{2}m_2 r_2^{\,2}\omega_\theta^{\,2}$$

と与えられる。

ところで、回転運動では

$$I = m_1 r_1^{\,2} + m_2 r_2^{\,2}$$

とおいて、**慣性モーメント** (moment of inertia) と呼ぶ。この I を使えば

$$T_\theta = \frac{1}{2}I\,\omega_\theta^{\,2}$$

となる。

それでは、つぎに、方位角 ϕ に沿った回転を考えよう。これは、図 2-2 の z 軸

のまわりの回転に相当する（図 2-3 参照）。

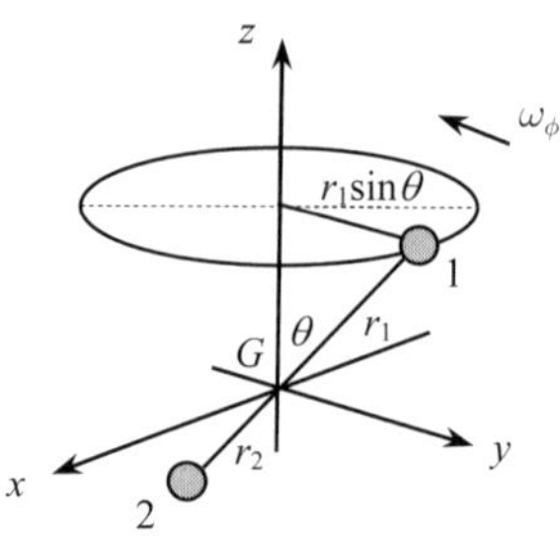

図 2-3　方位角 ϕ に沿った回転は、z 軸まわりの回転に相当する。
なお、この場合の質点 1 の回転半径は $r_1\sin\theta$ となる。

演習 2-1　方位角 ϕ に沿った回転の角速度を $\omega_\phi = d\phi / dt$ とするとき、その運動エネルギーを求めよ。

解）　原子 1 および原子 2 の回転半径は、それぞれ $r_1\sin\theta$, $r_2\sin\theta$ となる。したがって、ϕ 方向の回転に関する運動エネルギーは

$$T_\phi = \frac{1}{2}m_1 r_1^2 \sin^2\theta(\omega_\phi)^2 + \frac{1}{2}m_2 r_2^2 \sin^2\theta(\omega_\phi)^2$$

$$= \frac{1}{2}(m_1 r_1^2 + m_2 r_2^2)\sin^2\theta(\omega_\phi)^2 = \frac{1}{2}I\sin^2\theta\,(\omega_\phi)^2$$

となる。

したがって、2 原子分子の回転にともなう運動エネルギー T は

$$T = \frac{1}{2}I\omega_\theta^{\ 2} + \frac{1}{2}I\sin^2\theta\,(\omega_\phi)^2 = \frac{I}{2}\left\{\omega_\theta^{\ 2} + \sin^2\theta(\omega_\phi)^2\right\}$$

となる。

2. 3.　2 原子分子気体の運動エネルギー

結局、腕の長さが変化しない質量を無視できる棒でつながれた 2 原子からなる分子気体の全エネルギーは

$$E^{diatom} = \frac{p_x^{\ 2} + p_y^{\ 2} + p_z^{\ 2}}{2(m_1 + m_2)} \ + \frac{1}{2} I \omega_\theta^{\ 2} \ + \frac{1}{2} I \sin^2 \theta (\omega_\phi)^2$$

と与えられることになる。

ただし、I は慣性モーメントであり

$$I = m_1 r_1^{\ 2} + m_2 r_2^{\ 2}$$

と与えられるのであった。

ここで

$$T_t = \frac{p_x^{\ 2} + p_y^{\ 2} + p_z^{\ 2}}{2(m_1 + m_2)}$$

が並進運動に対応した運動エネルギー成分であり

$$T_r = \frac{1}{2} I \omega_\theta^{\ 2} + \frac{1}{2} I \sin^2 \theta (\omega_\phi)^2$$

が回転に対応した運動エネルギー成分である。

以上をもとに、2 原子分子気体 1 個の分配関数を考えていこう。ここでは、気体分子が 1 辺の長さが L の立方体容器に閉じ込められた状態を考える。

すると、並進運動に対応した分配関数は

$$Z_t = \frac{1}{h^3} \int_{-\infty}^{+\infty} \int_{-\infty}^{+\infty} \int_{-\infty}^{+\infty} \exp\left(-\frac{p_x^{\ 2} + p_y^{\ 2} + p_z^{\ 2}}{2(m_1 + m_2) k_B T} \right) dp_x \, dp_y \, dp_z \int_0^L dx \int_0^L dy \int_0^L dz$$

$$= \frac{L^3}{h^3} \int_{-\infty}^{+\infty} \int_{-\infty}^{+\infty} \int_{-\infty}^{+\infty} \exp\left(-\frac{p_x^{\ 2} + p_y^{\ 2} + p_z^{\ 2}}{2(m_1 + m_2) k_B T} \right) dp_x \, dp_y \, dp_z$$

となる。すると

$$Z_t = \frac{L^3}{h^3} \left(\frac{2\pi (m_1 + m_2)}{\beta} \right)^{\frac{3}{2}}$$

となる。

演習 2-2　1 辺の長さが L の立方体容器に閉じ込められた 2 原子分子の並進運動にともなう内部エネルギー U_t を求めよ。

解）　U_t は、分配関数 Z_t から

$$U_t = -\frac{1}{Z_t}\frac{\partial Z_t}{\partial \beta}$$

と与えられる。ここで

$$Z_t = \frac{L^3}{h^3}\left(2\pi(m_1 + m_2)\right)^{\frac{3}{2}}\beta^{-\frac{3}{2}}$$

であるから

$$\frac{\partial Z_t}{\partial \beta} = -\frac{3L^3}{2h^3}\left(2\pi(m_1 + m_2)\right)^{\frac{3}{2}}\beta^{-\frac{5}{2}}$$

となるので、内部エネルギーは

$$U_t = -\frac{1}{Z_t}\frac{\partial Z_t}{\partial \beta} = \frac{3}{2}\beta^{-1} = \frac{3}{2}k_{\mathrm{B}}T$$

と与えられる。

これは、すでに紹介した 1 原子分子気体の運動とまったく同じ結果である。それでは、つぎに回転運動について考えてみよう。

ここで、統計力学の利点は、回転運動に関する解析は、並進運動と独立に行うことができ、系の分配関数 Z は、得られた回転運動に対応する分配関数 Z_r を乗じて

$$Z = Z_t\, Z_r$$

と与えられる点にある。そこで、回転の運動エネルギーに対応した分配関数 Z_r を求めてみよう。

基本事項を復習してみよう。位置座標 q と、運動量 p が与えられたとき、その運動に対応する分配関数の積分の基本形は

$$\frac{1}{h}\iint \exp\left(-\frac{T(p)+U(q)}{k_{\mathrm{B}}T}\right)dp\,dq$$

と与えられる。

ところで、一般の並進運動では、q として、直交座標の x, y, z を採用すればよかったが、回転運動の場合はどの座標を選べばよいのであろうか。実は、3次元の極座標を採用して、r, θ, ϕ を座標 q とすればよいのである。

そして、解析力学の手法を援用すれば、r, θ, ϕ に対応した運動量 p_r, p_θ, p_ϕ を導入することができる。それを紹介しよう。

2.4.　一般化運動量

解析力学では、座標 q に相当するものとして、直交座標の x, y, z だけでなく、極座標の r, θ, ϕ などを採用することができる。このとき、x, y, z, r, θ, ϕ は**一般化座標** (generalized coordinate) と呼ばれる。そして、座標 x には運動量 p_x を、座標 θ には運動量 p_θ を対応させ、**一般化運動量** (generalized momentum) と呼んでいる。

したがって、回転運動に対応した分配関数を求める場合には、一般化座標 θ には一般化運動量 p_θ を、一般化座標 ϕ には 一般化運動量 p_ϕ を対応させ

$$\frac{1}{h}\iint dp_\theta \, d\theta \qquad と \qquad \frac{1}{h}\iint dp_\phi \, d\phi$$

という積分を実行すればよいのである。

解析力学の利点は、どのような座標系を選ぼうが、運動を規定する方程式のかたちが変わらないことである。よって、一般化座標と一般化運動量の関係も、形式的に同じかたちを引き継ぐことができる。

ここで、運動エネルギーを T としたとき一般化運動量は、すべて同じ形式である

$$p_x = \frac{\partial T}{\partial \dot{x}} \qquad p_\theta = \frac{\partial T}{\partial \dot{\theta}} \qquad p_\phi = \frac{\partial T}{\partial \dot{\phi}}$$

によって与えられる。

ただし

$$\dot{x} = \frac{dx}{dt} \qquad \dot{\theta} = \frac{d\theta}{dt} \qquad \dot{\phi} = \frac{d\phi}{dt}$$

である。

つまり、統計力学において、分配関数を求める場合には、θ や ϕ に対応した運動量としては、解析力学で導入されている一般化運動量である p_θ および p_ϕ を使えばよいことになる（補遺 2-1 を参照されたい）。

演習 2-3　2 原子分子気体に対応した運動エネルギー T は

$$T = \frac{{p_x}^2 + {p_y}^2 + {p_z}^2}{2(m_1 + m_2)} + \frac{1}{2} I{\omega_\theta}^2 + \frac{1}{2} I \sin^2\theta (\omega_\phi)^2$$

と与えられる。このとき、p_θ と p_ϕ を求めよ。

解）　解析力学によれば、一般化運動量は

$$p_\theta = \frac{\partial T}{\partial \dot{\theta}} \quad \text{ならびに} \quad p_\phi = \frac{\partial T}{\partial \dot{\phi}}$$

によって与えられる。

$$\dot{\theta} = \frac{d\theta}{dt} = \omega_\theta$$

であるから、一般化座標 θ に対応した一般化運動量 p_θ は

$$p_\theta = \frac{\partial T}{\partial \dot{\theta}} = \frac{\partial T}{\partial \omega_\theta} = I\omega_\theta$$

と与えられる。つぎに

$$\dot{\phi} = \frac{d\phi}{dt} = \omega_\phi$$

であるから、一般化座標 ϕ に対応した一般化運動量 p_ϕ は

$$p_\phi = \frac{\partial T}{\partial \dot{\phi}} = \frac{\partial T}{\partial \omega_\phi} = I\omega_\phi \sin^2\theta$$

となる。

したがって

$$\omega_\theta = \frac{p_\theta}{I} \qquad \omega_\phi = \frac{p_\phi}{I\sin^2\theta}$$

という関係が得られる。

これら ω_θ および ω_ϕ を回転の運動エネルギー項

$$T_r = \frac{1}{2} I {\omega_\theta}^2 + \frac{1}{2} I \sin^2\theta (\omega_\phi)^2$$

に代入すると

$$T_r = \frac{{p_\theta}^2}{2I} + \frac{{p_\phi}^2}{2I \sin^2\theta}$$

となる。

ここで、ようやく解析力学の手法に則った整合性のとれた一般化運動量を基本とする運動エネルギーの表式ができたことになる。

すると、分配関数は

$$Z_r = \frac{1}{h^2} \int_{-\infty}^{+\infty} dp_\phi \int_0^{2\pi} d\phi \int_{-\infty}^{+\infty} dp_\theta \int_0^{\pi} d\theta \left\{ \exp\left(-\frac{{p_\theta}^2}{2I\, k_{\mathrm{B}} T} \right) \exp\left(-\frac{{p_\phi}^2}{2I \sin^2\theta\, k_{\mathrm{B}} T} \right) \right\}$$

となる。

演習 2-4　回転エネルギーに対応した分配関数 Z_r を、天頂角 θ と、方位角 ϕ に対応した一般化運動量を用いて計算せよ。

解）

$$Z_r = \frac{1}{h^2} \int_{-\infty}^{+\infty} dp_\phi \int_0^{2\pi} d\phi \int_{-\infty}^{+\infty} dp_\theta \int_0^{\pi} d\theta \left\{ \exp\left(-\frac{{p_\theta}^2}{2I\, k_{\mathrm{B}} T} \right) \exp\left(-\frac{{p_\phi}^2}{2I \sin^2\theta\, k_{\mathrm{B}} T} \right) \right\}$$

となる。ここで被積分関数に注目すると

$$\exp\left(-\frac{{p_\theta}^2}{2I\, k_{\mathrm{B}} T} \right)$$

は、p_θ のみの関数である。一方

$$\exp\left(-\frac{{p_\phi}^2}{2I \sin^2\theta\, k_{\mathrm{B}} T} \right)$$

は、p_ϕ と θ の関数である。

したがって、ϕ に関する積分は

$$\int_0^{2\pi} d\phi = [\ \phi\ ]_0^{2\pi} = 2\pi$$

と取り出すことができる。

つぎに、p_θ に関する積分である

$$\int_{-\infty}^{+\infty} \exp\left(-\frac{{p_\theta}^2}{2I\,k_\mathrm{B}T}\right) dp_\theta$$

も単独で計算できる。

これは、ガウス積分であるから

$$\int_{-\infty}^{+\infty} \exp\left(-\frac{{p_\theta}^2}{2I\,k_\mathrm{B}T}\right) dp_\theta = \sqrt{2\pi I\,k_\mathrm{B}T}$$

となる。最後に

$$\int_0^{\pi} \int_{-\infty}^{+\infty} \exp\left(-\frac{{p_\phi}^2}{2I\sin^2\theta\, k_\mathrm{B}T}\right) dp_\phi\, d\theta$$

の項が残る。

ここでは、被積分関数が p_ϕ と θ の関数であるから、2 重積分となる。まず、p_ϕ に関する積分は、ガウス積分であるから

$$\int_{-\infty}^{+\infty} \exp\left(-\frac{{p_\phi}^2}{2I\sin^2\theta\, k_\mathrm{B}T}\right) dp_\phi = \sqrt{2\pi I\sin^2\theta\; k_\mathrm{B}T}$$

となるので

$$\int_0^{\pi} \int_{-\infty}^{+\infty} \exp\left(-\frac{{p_\phi}^2}{2I\sin^2\theta\, k_\mathrm{B}T}\right) dp_\phi\, d\theta$$

$$= \int_0^{\pi} \sqrt{2\pi I\sin^2\theta\, k_\mathrm{B}T}\ d\theta = \sqrt{2\pi I\,k_\mathrm{B}T} \int_0^{\pi} \sqrt{\sin^2\theta}\ d\theta = \sqrt{2\pi I\,k_\mathrm{B}T} \int_0^{\pi} \sin\theta\, d\theta$$

$$= \sqrt{2\pi I\,k_\mathrm{B}T}\ \left[-\cos\theta\right]_0^{\pi} = 2\sqrt{2\pi I\,k_\mathrm{B}T}$$

となる。

結局、回転に対応した分配関数は

$$Z_r = \frac{2\pi}{h^2}\sqrt{2\pi I k_B T}\left(2\sqrt{2\pi I k_B T}\right) = \frac{8\pi^2 I k_B T}{h^2}$$

と与えられる。

これが、2 原子分子の回転運動に対応した分配関数となるが、すでに紹介したように、分配関数は無次元でなければならない。そこで、今求めた Z_r の次元を確かめてみよう。

まず、$k_B T$ はエネルギーの単位 [J]、I は慣性モーメントであるから $[\mathrm{kg}][\mathrm{m}]^2$ である。プランク定数 h の 2 乗の単位は $[\mathrm{J}]^2[\mathrm{s}]^2$ となる。

したがって

$$\frac{8\pi^2 I k_B T}{h^2} \rightarrow \frac{[\mathrm{kg}][\mathrm{m}]^2[\mathrm{J}]}{[\mathrm{J}]^2[\mathrm{s}]^2} \rightarrow \frac{[\mathrm{kg}][\mathrm{m}]^2}{[\mathrm{J}][\mathrm{s}]^2}$$

という単位となる。 ところで

$$[\mathrm{J}] = \frac{[\mathrm{kg}][\mathrm{m}]^2}{[\mathrm{s}]^2}$$

であるから、確かに、回転に対応した分配関数の Z_r が無次元数となることも確認できる。

この結果から、回転運動に対応した内部エネルギーは分配関数を β で表現して

$$Z_r = \frac{8\pi^2 I k_B T}{h^2} = \frac{8\pi^2 I}{h^2}\beta^{-1}$$

として

$$U_r = -\frac{1}{Z_r}\frac{\partial Z_r}{\partial \beta} = -\frac{\beta}{8\pi^2 I}\left(-\frac{8\pi^2 I}{\beta^2}\right) = \frac{1}{\beta} = k_B T$$

と計算できる。

回転運動の自由度は 2 であるから、エネルギー等分配の法則にしたがえば

$$(1/2)k_B T \times 2 = k_B T$$

となるので、整合性がとれている。

演習 2-5　回転エネルギーに対応したヘルムホルツの自由エネルギー F を求めよ。

解）　自由エネルギー F は、分配関数 Z_r から

$$F = -k_B T \ln Z_r$$

と与えられる。

$$Z_r = \frac{8\pi^2 I k_B T}{h^2}$$

であるから

$$F = -k_B T \ln\left(\frac{8\pi^2 I k_B T}{h^2}\right)$$

となる。

自由エネルギーが計算できたので、エントロピーを求めることもできる。ここで、2 原子分子の回転にともなうエントロピー S は

$$S = -\frac{\partial F}{\partial T}$$

と与えられる。

演習 2-6　$F = -k_B T \ln\left(\dfrac{8\pi^2 I k_B T}{h^2}\right)$ と与えられるとき、$\partial F/\partial T$ の値を計算せよ。

解）

$$\frac{\partial F}{\partial T} = -k_B \ln\left(\frac{8\pi^2 I k_B T}{h^2}\right) - k_B T \frac{\partial}{\partial T}\left\{\ln\left(\frac{8\pi^2 I k_B T}{h^2}\right)\right\}$$

ここで

$$\frac{\partial}{\partial T}\left\{\ln\left(\frac{8\pi^2 I k_B}{h^2} T\right)\right\} = \frac{\partial}{\partial T}\left\{\ln\left(\frac{8\pi^2 I k_B}{h^2}\right) + \ln T\right\} = \frac{1}{T}$$

より

$$\frac{\partial F}{\partial T} = -k_{\mathrm{B}} \ln\left(\frac{8\pi^2 I\, k_{\mathrm{B}} T}{h^2}\right) - k_{\mathrm{B}} = -k_{\mathrm{B}} \left\{ \ln\left(\frac{8\pi^2 I\, k_{\mathrm{B}} T}{h^2}\right) + 1 \right\}$$

となる。

したがって、2 原子分子の回転にともなうエントロピー S は

$$S = -\frac{\partial F}{\partial T} = k_{\mathrm{B}} \left\{ \ln\left(\frac{8\pi^2 I\, k_{\mathrm{B}} T}{h^2}\right) + 1 \right\}$$

となる。

2. 5.　振動

いままでは、2 原子分子間の距離が不変という仮定で、エネルギーを計算してきた。実際に、多くの 2 原子分子気体の定積比熱は、(5/2)R と与えられるので、重心の並進運動と、回転運動だけで十分と考えられる。

ただし、2 原子間の結合が弱い場合には、いわば弱いバネでつながれたような状態にあり、その軸方向に振動することも考えられる。そこで、振動のエネルギーについても解析してみよう。

2 原子分子の振動に関しては、基本的には、補遺 2-2 に示した**量子力学的調和振動子** (quantum harmonics) と同様の扱いが可能となる。このとき、調和振動子のエネルギーは

$$E_n = \left(n + \frac{1}{2}\right)\hbar\omega \qquad (n = 0, 1, 2, ...)$$

と与えられる。

ただし、2 個の原子の質量を m_1, m_2 としたとき

$$\bar{m} = \frac{m_1 m_2}{m_1 + m_2}$$

という式によって与えられる $\bar{m}$ を**換算質量** (reduced mass) とし、k を 2 原子間のバネ定数とすると、**固有角振動数** (eigen angular frequency) は

$$\omega = \sqrt{\frac{k}{\bar{m}}}$$

と与えられる。

ここで、換算質量とは、相対運動を考える際に導入される質量である。たとえば、$m_1 >> m_2$ の場合

$$\bar{m} = \frac{m_1 m_2}{m_1 + m_2} \cong \frac{m_1 m_2}{m_1} = m_2$$

となり、質量差が大きい場合には、換算質量は、ほぼ m_2 となり、軽いほうの原子が実質的に振動することになる。これは、定性的にも理解できよう。

また、同じ原子の場合には、換算質量は

$$\bar{m} = \frac{m^2}{m+m} = \frac{m}{2}$$

となる。

演習 2-7　2 原子分子が振動する場合の分配関数 Z を求めよ。

解）　2 原子分子振動の固有エネルギーを具体的に書き出せば、量子数 $n = 0, 1, 2, 3, 4, \ldots$ に対応して

$$E_0 = \frac{1}{2}\hbar\omega,\ \ E_1 = \frac{3}{2}\hbar\omega,\ \ E_2 = \frac{5}{2}\hbar\omega,\ \ E_3 = \frac{7}{2}\hbar\omega,\ \ E_4 = \frac{9}{2}\hbar\omega \quad \ldots$$

となる。

したがって分配関数は

$$Z = \exp\left(-\frac{E_0}{k_B T}\right) + \exp\left(-\frac{E_1}{k_B T}\right) + \ldots + \exp\left(-\frac{E_n}{k_B T}\right) + \ldots$$

$$= \exp\left(-\frac{(1/2)\hbar\omega}{k_B T}\right) + \exp\left(-\frac{(3/2)\hbar\omega}{k_B T}\right) + \ldots + \exp\left(-\frac{\left(n+(1/2)\right)\hbar\omega}{k_B T}\right) + \ldots$$

と与えられる。

この和は初項が

$$\exp\left(-\frac{(1/2)\hbar\omega}{k_B T}\right)$$

公比が

$$\exp\left(-\frac{\hbar\omega}{k_B T}\right)$$

の無限級数であるから

$$Z = \frac{\exp\left(-\frac{(1/2)\hbar\omega}{k_B T}\right)}{1 - \exp\left(-\frac{\hbar\omega}{k_B T}\right)}$$

となる。

振動に対応した分配関数を β の関数とすると

$$Z(\beta) = \ = \frac{\exp\left(-(1/2)\beta\hbar\omega\right)}{1 - \exp\left(-\beta\hbar\omega\right)}$$

となる。

1 振動子あたりの平均エネルギーは

$$< E > = -\frac{\partial}{\partial\beta}\left(\ln Z\right)$$

と与えられる。ここで

$$\ln Z = -\frac{1}{2}\beta\hbar\omega - \ln\{1 - \exp(-\beta\hbar\omega)\}$$

であるから

$$< E > = -\frac{\partial}{\partial\beta}(\ln Z) \ = \frac{1}{2}\hbar\omega + \frac{\hbar\omega\exp(-\beta\hbar\omega)}{1 - \exp(-\beta\hbar\omega)} \ = \frac{1}{2}\hbar\omega + \frac{\hbar\omega}{\exp(\beta\hbar\omega) - 1}$$

$$= \frac{1}{2}\hbar\omega + \frac{\hbar\omega}{\exp\left(\frac{\hbar\omega}{k_B T}\right) - 1}$$

となる。

系の 1 [mol] あたりの内部エネルギー U は、N_A をアボガドロ数として

$$U = N_A < E >$$

となる。

演習 2-8　つぎの関数の T に関する微分を求めよ。

$$f(T)=\frac{1}{\exp\left(\dfrac{\hbar\omega}{k_B T}\right)-1}$$

解) $\dfrac{\hbar\omega}{k_B T}=\dfrac{a}{T}$ と置こう。すると

$$f(T)=\frac{1}{\exp\left(\dfrac{\hbar\omega}{k_B T}\right)-1}=\frac{1}{\exp(a/T)-1}$$

となる。よって

$$\frac{df(T)}{dT}=\frac{-\{\exp(a/T)\}'}{\{\exp(a/T)-1\}^2}$$

となる。ここで

$$\{\exp(a/T)\}'=\exp(a/T)\left(\frac{a}{T}\right)'=-\frac{a}{T^2}\exp\left(\frac{a}{T}\right)$$

であるから

$$\frac{df(T)}{dT}=\frac{a}{T^2}\frac{\exp(a/T)}{\{\exp(a/T)-1\}^2}$$

から

$$\frac{df(T)}{dT}=\frac{\hbar\omega}{k_B T^2}\frac{\exp\left(\dfrac{\hbar\omega}{k_B T}\right)}{\left\{\exp\left(\dfrac{\hbar\omega}{k_B T}\right)-1\right\}^2}$$

となる。

ここで

$$U = N_A \left\{ \frac{1}{2}\hbar\omega + \frac{\hbar\omega}{\exp\left(\dfrac{\hbar\omega}{k_B T}\right) - 1} \right\}$$

として、あらためて $\partial U/\partial T$ を計算してみよう。

すると

$$\frac{\partial U}{\partial T} = \frac{\partial}{\partial T}\left\{ \frac{N_A \hbar\omega}{\exp\left(\dfrac{\hbar\omega}{k_B T}\right) - 1} \right\} = N_A \hbar\omega \frac{\partial}{\partial T}\left\{ \frac{1}{\exp\left(\dfrac{\hbar\omega}{k_B T}\right) - 1} \right\}$$

となるが

$$\frac{\partial}{\partial T}\left\{ \frac{1}{\exp\left(\dfrac{\hbar\omega}{k_B T}\right) - 1} \right\} = \frac{\hbar\omega}{k_B T^2} \frac{\exp\left(\dfrac{\hbar\omega}{k_B T}\right)}{\left\{\exp\left(\dfrac{\hbar\omega}{k_B T}\right) - 1\right\}^2}$$

から

$$\frac{\partial U}{\partial T} = N_A \hbar\omega \left[\frac{\hbar\omega}{k_B T^2} \frac{\exp\left(\dfrac{\hbar\omega}{k_B T}\right)}{\left\{\exp\left(\dfrac{\hbar\omega}{k_B T}\right) - 1\right\}^2} \right] = N_A k_B \left(\frac{\hbar\omega}{k_B T}\right)^2 \frac{\exp\left(\dfrac{\hbar\omega}{k_B T}\right)}{\left\{\exp\left(\dfrac{\hbar\omega}{k_B T}\right) - 1\right\}^2}$$

$$= \left(\frac{\hbar\omega}{k_B T}\right)^2 \frac{\exp\left(\dfrac{\hbar\omega}{k_B T}\right)}{\left\{\exp\left(\dfrac{\hbar\omega}{k_B T}\right) - 1\right\}^2} R$$

と与えられる。ただし、R は気体定数である。

よって、比熱は

$$C=\left(\frac{\hbar\omega}{k_{\mathrm{B}}T}\right)^2\frac{\exp\left(\dfrac{\hbar\omega}{k_{\mathrm{B}}T}\right)}{\left\{\exp\left(\dfrac{\hbar\omega}{k_{\mathrm{B}}T}\right)-1\right\}^2}R$$

となる。

2.6. まとめ

以上で 2 原子からなる気体分子のエネルギー状態の解析は終わりである。統計力学では、ボルツマン因子のエネルギー E 項に入る成分をすべて考え、そして、それらを積算することが基本となる。

1 原子から 2 原子になっただけで、エネルギー成分としては、並進方向の運動エネルギーに加えて、回転や振動のエネルギーが加わることになる。さらに、回転運動の自由度は 2 であり、回転は 3 次元空間で生じるので、極座標による解析が必要となる。

少々煩雑ではあるが、回転運動や、振動については、すでに力学によって解析が行われており、解析力学による定式化も行われている。われわれは、その学問的所産を利用して、エネルギー項に加えるだけでよい。後は、想定される位相 (q-p) 空間で積分すれば分配関数が得られるのである。

系にとって重要な内部エネルギーなどの熱力学関数は、統計力学 — 基礎編で学んだ関係を利用すれば分配関数から導出が可能である。

これが、統計力学の応用編の概要である。今後は、光のエネルギーなどに、この手法を適用して、いろいろな系に対して、統計力学の威力を実感することになる。

補遺 2-1　解析力学

力学問題に**解析力学** (analytical mechanics) を適用する場合の利点として、選ぶ座標系に関係なくその基本的解法の形式が保たれるという点が挙げられる。

解析力学では、対象とする物体の運動に対応した**ラグランジアン** (Lagrangian)

$$L = T - U$$

を求める。T は**運動エネルギー** (kinetic energy)、U は**ポテンシャルエネルギー** (potential energy) である。よって L はエネルギーの単位を有し、スカラーである。このため、L は、比較的、簡単に求めることができる。

そのうえで、q を**位置座標** (position coordinate) として、つぎの**ラグランジュの運動方程式** (Lagrange's equation of motion)

$$\frac{d}{dt}\left(\frac{\partial L(q,\dot{q})}{\partial \dot{q}}\right) - \frac{\partial L(q,\dot{q})}{\partial q} = 0$$

の $L = L(q,\dot{q})$ に、求めた $T-U$ を代入することで、物体の運動を解析することができる。ただし

$$\dot{q} = \frac{dq}{dt}$$

である。

解析力学の優れた点は、**直交座標** (rectangular coordinate) や**極座標** (polar coordinate) など、どのような座標系を選んでも、上記のラグランジュの運動方程式の形式が、そのまま保たれることにある。

つまり、座標 q に相当するものとして、直交座標の x, y, z や極座標の r, θ, ϕ などがあるが、上記の q にこれら座標をそのまま代入すればよいのである。これを**一般化座標** (generalized coordinate) と呼んでいる。

さらに、それぞれの一般化座標に対応した運動量を求めることができる。たとえば、座標 x には運動量 p_x が、座標 θ には運動量 p_θ が対応し、これらを一般化運動量と呼んでいる。**共役運動量** (conjugate momentum) と呼ぶ場合もある。

これは、一般化座標と対になる運動量という意味である。

それでは、具体的に、一般化運動量はどのように求められるのであろうか。これらも下記のように、選ぶ座標に関係なく同じ定式で得られ

$$p_x = \frac{\partial L}{\partial \dot{x}} \qquad p_\theta = \frac{\partial L}{\partial \dot{\theta}} \qquad p_\phi = \frac{\partial L}{\partial \dot{\phi}}$$

となる。ただし

$$\dot{x} = \frac{dx}{dt} \qquad \dot{\theta} = \frac{d\theta}{dt} \qquad \dot{\phi} = \frac{d\phi}{dt}$$

である。

この方式を援用すれば、分配関数を導出する際に、回転エネルギーに対応する一般化運動量 p_θ および p_ϕ を導出できる。

実は、位置エネルギー U は運動量の関数ではないので、L のかわりに運動エネルギー T を使って

$$p_x = \frac{\partial T}{\partial \dot{x}} \qquad p_\theta = \frac{\partial T}{\partial \dot{\theta}} \qquad p_\phi = \frac{\partial T}{\partial \dot{\phi}}$$

とすることもできる。

つまり、統計力学において、分配関数を求める場合には、θ や ϕ に対応した運動量としては、その共役運動量である p_θ および p_ϕ が対応する。分配関数を求める際には、これら運動量を採用する必要がある。

ここで、2 原子分子気体の運動エネルギー T は

$$T = \frac{{p_x}^2 + {p_y}^2 + {p_z}^2}{2(m_1 + m_2)} + \frac{1}{2} I {\omega_\theta}^2 + \frac{1}{2} I \sin^2\theta (\omega_\phi)^2$$

と与えられる。

すると

$$\dot{\theta} = \frac{d\theta}{dt} = \omega_\theta$$

であるから、θ 方向の共役運動量は

$$p_\theta = \frac{\partial T}{\partial \dot{\theta}} = \frac{\partial T}{\partial \omega_\theta} = I\omega_\theta$$

となる。つぎに ϕ 方向では

$$\dot{\phi} = \frac{d\phi}{dt} = \omega_\phi$$

であるから

$$p_\phi = \frac{\partial T}{\partial \dot{\phi}} = \frac{\partial T}{\partial \omega_\phi} = I\omega_\phi \sin^2\theta$$

となる。

これら p_θ および p_ϕ を用いて、分配関数を求めることができる。ただし、一般化運動量については、単位に注意が必要である。

それは、p_θ も p_ϕ も $I\omega$ というかたちをしており、I は慣性モーメントの mr^2 である。したがって、いずれも $mr^2\omega$ となり、角運動量となる。つまり単位としては、[kgm²/s] となり、[Nm･s] あるいは [J･s] と等価となる。

直交座標系の p_x などの運動量では、mv となって単位は [kgm/s] となり、p_θ および p_ϕ とは単位が異なるのである。

ただし、問題はない。分配関数を積分で求める際の積分変数である $dp\,dx$ の単位は [J･s] であったが、$dp_\theta\, d\theta$ ならびに $dp_\phi\, d\phi$ という積となると、単位が、[J･s] となり一致する。したがって、分配関数を求める際の積分

$$\frac{1}{h}\iint dp_x\, dx \qquad \frac{1}{h}\iint dp_\theta\, d\theta \qquad \frac{1}{h}\iint dp_\phi\, d\phi$$

においては、単位がすべて同じ無次元になり、整合性がとれているのである。

補遺 2-2　量子力学的調和振動子

ミクロ粒子に原点からの距離に比例して復元力が働く場合、距離を x、比例定数（あるいはばね定数）を k とすると、復元力は $F(x)=-kx$ となる。よって、そのポテンシャル場は

$$V(x)=-\int F(x)\,dx=\int kx\,dx=\frac{1}{2}kx^2$$

となる。

したがって、シュレーディンガー方程式

$$-\frac{\hbar^2}{2m}\frac{d^2\phi(x)}{dx^2}+V(x)\phi(x)=E\phi(x)$$

において、ポテンシャルエネルギーを

$$V(x)=\frac{1}{2}kx^2$$

と置いたものとなる。

よって、シュレーディンガー方程式は

$$-\frac{\hbar^2}{2m}\frac{d^2\phi(x)}{dx^2}+\frac{1}{2}kx^2\phi(x)=E\phi(x)$$

となる。ここで単振動の角周波数をωとすると $\omega=\sqrt{k/m}$ という関係にあるから

$$-\frac{\hbar^2}{2m}\frac{d^2\phi(x)}{dx^2}+\frac{m\omega^2x^2}{2}\phi(x)=E\phi(x)$$

となる。変形すると

$$\frac{d^2\phi(x)}{dx^2}-\frac{m^2\omega^2}{\hbar^2}x^2\phi(x)=-\frac{2mE}{\hbar^2}\phi(x)$$

さらに工夫して

$$\frac{\hbar}{m\omega}\frac{d^2\phi(x)}{dx^2}-\frac{m\omega}{\hbar}x^2\phi(x)=-\frac{2E}{\hbar\omega}\phi(x)$$

と変形する。ここで

$$\xi=\sqrt{\frac{m\omega}{\hbar}}x$$

の変数変換を行う。すると

$$\frac{d^2\phi(x)}{dx^2}=\frac{m\omega}{\hbar}\frac{d^2\phi(\xi)}{d\xi^2}$$

となるから、表記の微分方程式は

$$\frac{d^2\phi(\xi)}{d\xi^2}-\xi^2\phi(\xi)=-\frac{2E}{\hbar\omega}\phi(\xi)$$

と簡単となる。さらに

$$\varepsilon=\frac{2E}{\hbar\omega}=\frac{2E}{h\nu}$$

と置きなおす[4]と

$$\frac{d^2\phi(\xi)}{d\xi^2}-\xi^2\phi(\xi)=-\varepsilon\phi(\xi)$$

から

$$\frac{d^2\phi(\xi)}{d\xi^2}+\left(\varepsilon-\xi^2\right)\phi(\xi)=0$$

という簡単なかたちをした微分方程式が得られる。

これは、2階の線形微分方程式である。ただし、このかたちのままでは、簡単に解法することはできず、さらに工夫が必要となる。一般的には、フロベニウス法によって級数解を求めるが、それを、このまま行うと煩雑になる。

ここで

$$\phi(\xi)=f(\xi)\exp\left(-\frac{\xi^2}{2}\right)$$

というかたちの解を仮定して代入してみよう。

すると

[4] これは、エネルギーを、エネルギー量子 $h\nu$ で規格化して無次元化したものとみなすことができる。

$$\frac{d^2 f(\xi)}{d\xi^2}\exp\left(-\frac{\xi^2}{2}\right) - 2\xi\frac{df(\xi)}{d\xi}\exp\left(-\frac{\xi^2}{2}\right) + (\varepsilon - 1) f(\xi)\exp\left(-\frac{\xi^2}{2}\right) = 0$$

となり

$$\frac{d^2 f(\xi)}{d\xi^2} - 2\xi\frac{df(\xi)}{d\xi} + (\varepsilon - 1) f(\xi) = 0$$

という 2 階線形微分方程式が得られる。

この方程式は、**エルミート微分方程式** (Hermitian differential equation) として知られており、その解がエルミート多項式となる。

ここでは、実際に級数を利用して解を求めてみる。

$$f(\xi) = a_0 + a_1\xi + a_2\xi^2 + ... + a_n\xi^n + ...$$

というかたちの解を仮定し、微分方程式に代入して、方程式を満足するように係数を求める。

$$\frac{df(\xi)}{d\xi} = a_1 + 2a_2\xi + 3a_3\xi^2 + ... + na_n\xi^{n-1} + ...$$

$$\frac{d^2 f(\xi)}{d\xi^2} = 2a_2 + 3\cdot 2a_3\xi + 4\cdot 3a_4\xi^2 + ... + n(n-1)a_n\xi^{n-2} + ...$$

であるから、これらを微分方程式に代入すると

$$2a_2 + 3\cdot 2a_3\xi + ... + n(n-1)a_n\xi^{n-2} + ... \ -2\xi(a_1 + 2a_2\xi + 3a_3\xi^2 + ... + na_n\xi^{n-1} + ...)$$
$$+(\varepsilon - 1)(a_0 + a_1\xi + a_2\xi^2 + ... + a_n\xi^n + ...) = 0$$

となる。

この方程式が成立するためには、それぞれのべき項の係数が 0 でなければならない。よって、係数は

$$2a_2 + (\varepsilon - 1)a_0 = 0 \qquad 3\cdot 2a_3 - 2a_1 + (\varepsilon - 1)a_1 = 0$$

$$4\cdot 3a_4 - 4a_2 + (\varepsilon - 1)a_2 = 0 \qquad 5\cdot 4a_5 - 6a_3 + (\varepsilon - 1)a_3 = 0$$

$$.....\ (n+2)(n+1)a_{n+2} - 2na_n + (\varepsilon - 1)a_n = 0$$

を満足しなければならない。

すると

$$a_2 = \frac{1-\varepsilon}{2}a_0 \qquad a_3 = \frac{3-\varepsilon}{3\cdot 2}a_1 \qquad a_4 = \frac{5-\varepsilon}{4\cdot 3}a_2 = \frac{(5-\varepsilon)(1-\varepsilon)}{4\cdot 3\cdot 2}a_0$$

$$a_5 = \frac{7-\varepsilon}{5\cdot 4}a_3 = \frac{(7-\varepsilon)(3-\varepsilon)}{5\cdot 4\cdot 3\cdot 2}a_1 \ = \frac{(7-\varepsilon)(3-\varepsilon)}{5!}a_1 \quad .....$$

から、解は

$$f(\xi) = a_0 + a_1\xi + \frac{1-\varepsilon}{2!}a_0\xi^2 + \frac{3-\varepsilon}{3!}a_1\xi^3 + \frac{(5-\varepsilon)(1-\varepsilon)}{4!}a_0\xi^4 + \frac{(7-\varepsilon)(3-\varepsilon)}{5!}a_1\xi^5 + \ldots$$

という**無限べき級数** (infinite power series) となる。

この式は無限級数であるため、いくらでも高次の ξ^n が現れる。ξ は距離に対応する変数であるから、このままでは発散する。よって、物理的な意味を持つためには、発散を回避する必要がある。ここで、a_0 と a_1 の項に分けたうえで、エネルギーに相当する ε に注目しよう。

$$f(\xi) = a_0\left(1 + \frac{1-\varepsilon}{2!}\xi^2 + \frac{(5-\varepsilon)(1-\varepsilon)}{4!}\xi^4 + \ldots\right) + a_1\left(\xi + \frac{3-\varepsilon}{3!}\xi^3 + \frac{(7-\varepsilon)(3-\varepsilon)}{5!}\xi^5 + \ldots\right)$$

たとえば、a_1 の項において、$\varepsilon = 3$ とすると、ξ^3 よりも高次の項はすべて 0 となる。ここで、$a_0 = 0$ と置けば、有限な解が得られ

$$f(\xi) = a_1\xi$$

となる。これは、シュレーディンガー方程式を満足する調和振動子の解は、エネルギー ε が離散的であるということに対応する。

つぎに、a_0 の項において、$\varepsilon = 5$ とすると、ξ^4 よりも高次の項はすべて 0 となる。よって、$a_1 = 0$ と置けば、物理的に意味のある解として

$$f(\xi) = a_0 - 2a_0\xi^2$$

が得られる。

さらに、級数解のかたちからわかるように、ε は奇数しかとらないので、n を整数として、$\varepsilon = 2n+1$ となる。よって

$$\varepsilon = \frac{2E}{\hbar\omega} \quad \text{から} \quad E = \left(n + \frac{1}{2}\right)\hbar\omega$$

のように、飛び飛びの値をとる。具体的な解は

$n = 0$, $\varepsilon = 1$　で　$E = (1/2)\hbar\omega$ のとき

$$\phi(\xi) = a_0 \exp\left(-\frac{\xi^2}{2}\right)$$

となる。さらに

$$n = 1,\ \varepsilon = 3 \quad \text{で} \quad E = \frac{3}{2}\hbar\omega \ \text{のとき} \quad \phi(\xi) = a_1\xi\exp\left(-\frac{\xi^2}{2}\right)$$

となり、以下同様に

$$n=2,\ \ \varepsilon=5\quad \text{で}\quad E=\frac{5}{2}\hbar\omega\ \text{のとき}\quad \phi(\xi)=a_0(1-2\xi^2)\exp\left(-\frac{\xi^2}{2}\right)$$

$$n=3,\ \ \varepsilon=7\quad \text{で}\quad E=\frac{7}{2}\hbar\omega\ \text{のとき}\quad \phi(\xi)=a_1\left(\xi-\frac{2}{3}\xi^3\right)\exp\left(-\frac{\xi^2}{2}\right)$$

となる。

これら解のグラフは、図 A2-1 に示したようになる。

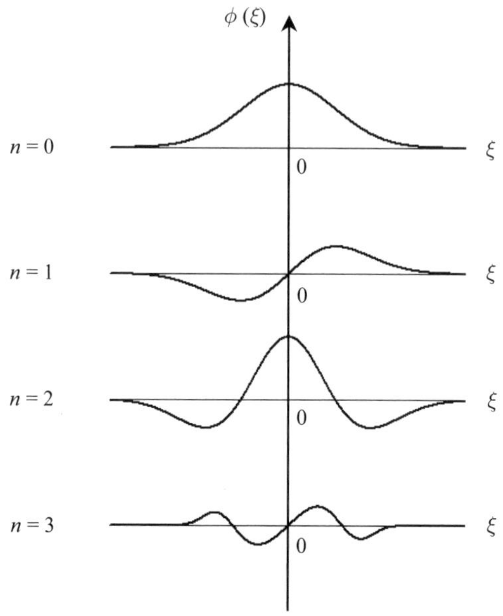

図 A2-1 調和振動子に対応したシュレーディンガー方程式の解

いちばんエネルギーが低い場合には、中心付近に波動関数のピークがあるが、つぎのエネルギーレベルでは、逆に中心付近で波動関数はゼロとなっている。調和振動子では、中心方向に常に力が働いているので、直観では、中心近傍を振動しているように思われるが、実際にシュレーディンガー方程式を解いてみるとそうなっていない。

すでに示したように、調和振動子のエネルギーは、量子化されて

$$E_n = \left(n + \frac{1}{2}\right)\hbar\omega$$

となる。

このとき、$n = 0$ という量子数に対して

$$E_0 = \left(0 + \frac{1}{2}\right)\hbar\omega \ = \frac{1}{2}\hbar\omega$$

というエネルギーが対応する。

これより高いエネルギーレベルは、量子数 $n = 1, 2, 3, 4, \ldots$ に対応して

$$E_1 = \frac{3}{2}\hbar\omega \ , \ E_2 = \frac{5}{2}\hbar\omega \ , \ E_3 = \frac{7}{2}\hbar\omega \ , \ E_4 = \frac{9}{2}\hbar\omega \ , \ldots$$

となる。

第3章　光のエネルギー

量子力学の夜明けは、**光子** (photon) の発見と言われている。光は**電磁波** (electromagnetic wave) であり、そのエネルギーは連続である。しかし、空洞に閉じ込められた光の**振動数** (frequency) が飛び飛びであるという結果が、**マックス・プランク** (Max Ernst Planck) によって得られたのである。これは、**プランクの輻射式** (Planck's radiation formula) として知られている。

つまり、この発見は、光が波ではなく、粒子であるということを示唆しているのである。当時の常識では、とても理解しがたい現象であった。その際、プランクが導入した光子を特徴づける定数が**プランク定数** (Planck constant : h) であり、いまでは、光だけでなく、量子力学が扱うミクロ粒子の基本定数となっている。なにより、運動量空間における分配関数を導出する際の重要な定数となっている。

本章で紹介するように、プランクの輻射式は、化学ポテンシャル $\mu=0$ のボーズ分布関数であり、その解析には統計力学が大きな威力を発揮する。歴史的な大発見と、統計力学との密接な関係には、深い感慨を覚えざるをえない。

3. 1.　熱放射

本章では、光のエネルギーの**分配関数** (partition function) を扱う。有限温度の物体からは、その温度に応じた光が放射される。この光が、物体にあたって相互作用が生じると、熱エネルギーを発生するので、**熱放射** (thermal radiation) と呼んでいる。電気ストーブや電気こたつは、熱放射のよい例であろう。もともと、地球の恵みである太陽光は熱放射の代表である。

実際には、光は電磁波の一種であり、低温では目に見えない**赤外光** (infrared light) が放射される。人間にとっては暗闇であっても、赤外線カメラを使えば、ものが見えるのはこのためである。

また、温度によって物体の光り方が違うことから、昔の熟練工たちは、鉄を加工する際には、光で温度を判定していた。たとえば、熱した鋼は低温では赤い光を発するが、高温になると白光となる。刀鍛冶は、この光によって鋼を鍛錬し、強靭な日本刀をつくっていたのである。

それでは、基本のボルツマン因子

$$\exp\left(-\frac{E}{k_{\mathrm{B}}T}\right)$$

のエネルギー E に入る項を考えてみる。

光のエネルギー E は、その振動数 ν に比例し

$$E = h\nu$$

という関係にある。ここで、h はプランク定数である。光は、**波長** (wave length) λ によっても特徴づけられる。**光速** (speed of light) を c とすると

$$c = \lambda\nu \qquad\qquad \lambda = \frac{c}{\nu}$$

という関係にあるので、

$$E = \frac{hc}{\lambda}$$

となり、波長を変数として、光のエネルギーを表すこともできる。ただし、本書では振動数 ν を主として扱う。

光の振動数 ν は連続であるから、光の分配関数は積分型となり、単純には

$$Z = \int_0^\infty \exp\left(-\frac{h\nu}{k_{\mathrm{B}}T}\right) d\nu$$

と与えられる。

ただし、このままでは、分配関数が無次元とはならない。第 1 章で紹介したように、系のエネルギー状態密度 (density of states) が $D(E)$ の場合、分配関数は

$$Z = \int_0^\infty \exp\left(-\frac{E}{k_{\mathrm{B}}T}\right) D(E)\, dE$$

と与えられるのであった。

これを振動数 ν で考えると、状態密度に対応する $D(\nu)$ を導入し

$$Z = \int_0^\infty \exp\left(-\frac{h\nu}{k_{\mathrm{B}}T}\right) D(\nu)\, d\nu$$

とすればよい。

ここで $D(\nu)$ は、ν から $\nu+d\nu$ の範囲に存在するエネルギー $E=h\nu$ を有する光波の数と考えられる。それならば、この積分は無次元となる。

それでは、容器内に閉じ込められた光波の数である $D(\nu)$ の値を具体的に求めていこう。この場合、3 次元空間における光波の分布を考える必要がある。ただし、3 次元の定常波を考えるのは煩雑なので、1 次元からの導出を試み、2 次元、そして 3 次元へと拡張するという手法をとる。

3. 2.　定常波

ここで、光波に関する基本的考え方を整理してみる。平衡状態では、容器内に存在する光の総エネルギーは一定となり、温度も変化しない。よって、存在する光は、定常状態、つまり**定常波** (stationary wave) となっているものと考えられる。もし、そうでなければ、エネルギーが時間とともに変化するので、平衡状態という仮定に反してしまうからである。

そこで、1 辺の長さが L からなる立方体の中で存在できる定常波の数を考えてみよう。

3. 2. 1.　1 次元の定常波

まず、1 次元の振動を考えてみる。弦の長さを L とし、両端が固定されているものとする。ここで、定常波では、図 3-1 に示すように、L が半波長の整数倍となる必要がある。

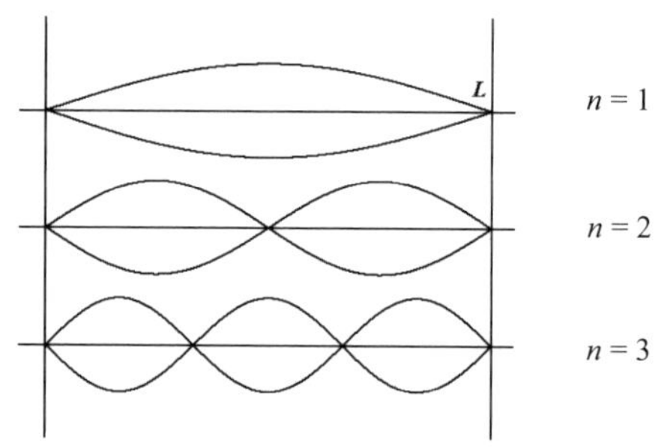

図 3-1　長さが L の弦で生じる定常波：長さ L の容器に閉じ込められた 1 次元の光の定常波とみなすことができる。

よって、定常波の**波長** (wave length) を λ とすると

$$L = \frac{n\lambda}{2} \qquad (n = 1, 2, 3, ...)$$

という関係が得られる。

ここで、この関係を**振動数** (frequency) ν を使って書き換えてみよう。光波の伝わる速さを c と置くと、振動数 ν と波長 λ は

$$c = \lambda\nu$$

という関係にあるので

$$L = \frac{n\lambda}{2} = \frac{nc}{2\nu}$$

となる。よって

$$\nu_n = \frac{nc}{2L} \qquad (n = 1, 2, 3, ...)$$

が、両端が固定された長さが L の弦に許される振動数である。これら定常波の振動数を**固有振動数** (eigen frequency) と呼んでいる。光も波であるから、弦の振動と等価であると考えられる。

演習 3-1　光波が 1 次元の弦の振動と等価と考えたとき、長さが L の 1 次元の光波の分配関数を求めよ。

解）　この場合の定常波の振動数は

$$\nu_1 = \frac{c}{2L},\quad \nu_2 = \frac{2c}{2L},\quad \nu_3 = \frac{3c}{2L}, \cdots$$

となる。したがって分配関数は

$$Z = \exp\left(-\frac{hc}{2Lk_{\mathrm{B}}T}\right) + \exp\left(-\frac{2hc}{2Lk_{\mathrm{B}}T}\right) + \exp\left(-\frac{3hc}{2Lk_{\mathrm{B}}T}\right) + \cdots$$

となる。ただし、ここで注意点がある。それは、図 3-1 に示すように、定常波は同じ振動数に対して、位相が π だけ異なる 2 個の波が存在する。よって、縮重度は 2 となり

$$Z = 2\exp\left(-\frac{hc}{2Lk_{\mathrm{B}}T}\right) + 2\exp\left(-\frac{2hc}{2Lk_{\mathrm{B}}T}\right) + 2\exp\left(-\frac{3hc}{2Lk_{\mathrm{B}}T}\right) + \cdots$$

$$= 2\exp\left(-\frac{hc}{2Lk_{\mathrm{B}}T}\right) + 2\exp\left(-\frac{hc}{2Lk_{\mathrm{B}}T}\right)^2 + 2\exp\left(-\frac{hc}{2Lk_{\mathrm{B}}T}\right)^3 + \cdots$$

となる。

これは、初項が

$$2\exp\left(\frac{-hc}{2Lk_{\mathrm{B}}T}\right)$$

公比が

$$\exp\left(-\frac{hc}{2Lk_{\mathrm{B}}T}\right)$$

の無限等比級数となるから、分配関数は

$$Z = \frac{2\exp\left(-\frac{hc}{2Lk_{\mathrm{B}}T}\right)}{1-\exp\left(-\frac{hc}{2Lk_{\mathrm{B}}T}\right)}$$

となる。

分子分母に $\exp(hc/2Lk_{\mathrm{B}}T)$ を乗ずれば

$$Z = \frac{2}{\exp\left(\frac{hc}{2Lk_{\mathrm{B}}T}\right) - 1}$$

となる。

これは、いわば、1個の光波に対応する分配関数である。それでは、光波1個あたりの平均エネルギーを求めてみよう。

平均エネルギーは、分配関数を使うと

$$< E > = -\frac{1}{Z}\frac{\partial Z}{\partial \beta}$$

と与えられる。ここで

$$Z = \frac{2}{\exp\left(\dfrac{hc}{2Lk_B T}\right) - 1} = \frac{2}{\exp\left(\dfrac{hc}{2L}\beta\right) - 1}$$

であるから

$$\frac{\partial Z}{\partial \beta} = -\frac{\dfrac{hc}{L}\exp\left(\dfrac{hc}{2L}\beta\right)}{\left\{\exp\left(\dfrac{hc}{2L}\beta\right) - 1\right\}^2}$$

となる。したがって

$$< E > = -\frac{1}{Z}\frac{\partial Z}{\partial \beta} = \frac{\dfrac{hc}{2L}\exp\left(\dfrac{hc}{2L}\beta\right)}{\exp\left(\dfrac{hc}{2L}\beta\right) - 1}$$

となる。

$$\exp\left(\frac{hc}{2L}\beta\right) >> 1$$

の場合には

$$< E > = \frac{\dfrac{hc}{2L}\exp\left(\dfrac{hc}{2L}\beta\right)}{\exp\left(\dfrac{hc}{2L}\beta\right) - 1} \cong \frac{hc}{2L} = h\nu_1$$

となる。

3. 2. 2.　2 次元の定常波

それでは、2 次元の定常波について考えてみよう。図 3-2 のように 1 辺の長さ L の正方形の膜が、その周囲を固定されている場合の振動を考える。

この図では、線と線の間を**平面波** (plane wave) の一波長としている。ここで、波の進行方向が x 軸となす角を θ とする。平面波の波長を λ とすると、この平面波を x 方向および y 方向から見たときの波長は、それぞれ

$$\lambda_x = \frac{\lambda}{\cos\theta} \qquad \lambda_y = \frac{\lambda}{\sin\theta}$$

となる。

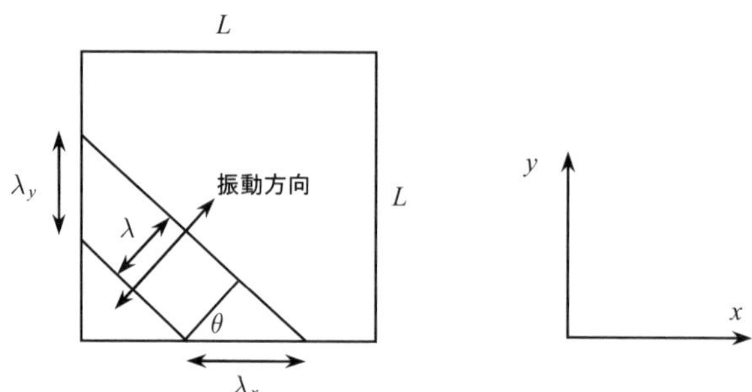

図 3-2　1 辺が L の正方形の膜における定常的な平面波

> **演習 3-2**　平面波が定常波となるための条件を考え、定常波の波長を表す式を導出せよ。

解）　x 方向及び y 方向の波長成分が、先ほど弦の振動で求めた定常状態の条件を満足する必要がある。

よって

$$\lambda_x = \frac{2L}{n_x} \quad (n_x = 1, 2, 3, ...) \qquad \lambda_y = \frac{2L}{n_y} \quad (n_y = 1, 2, 3, ...)$$

となるので

$$\cos\theta = \frac{n_x \lambda}{2L} \qquad \sin\theta = \frac{n_y \lambda}{2L}$$

となる。

ここで、$\cos^2\theta + \sin^2\theta = 1$ の関係にあるから

$$\left(\frac{n_x \lambda}{2L}\right)^2 + \left(\frac{n_y \lambda}{2L}\right)^2 = 1 \qquad \text{から} \qquad \lambda^2 \left(\frac{{n_x}^2 + {n_y}^2}{(2L)^2}\right) = 1$$

となる。

したがって、定常波の波長は

$$\lambda = \frac{2L}{\sqrt{{n_x}^2 + {n_y}^2}}$$

と与えられる。

よって $(n_x, n_y) = (1, 1), (1,2), (2, 2)$ に対応して

$$\lambda = \frac{2L}{\sqrt{2}},\ \frac{2L}{\sqrt{5}},\ \frac{2L}{\sqrt{8}}$$

が定常波の波長となる。

ここで、$(n_x, n_y) = (2,2)$ の場合の定常波は、図 3-3 (a) のようになる。矢印の向きが波の振動方向であり、$\theta = \pi/4$ となる。このとき、1 波長は、$\lambda = L/\sqrt{2}$ となる。これは、図の太線 2 個分の間隔に相当する。

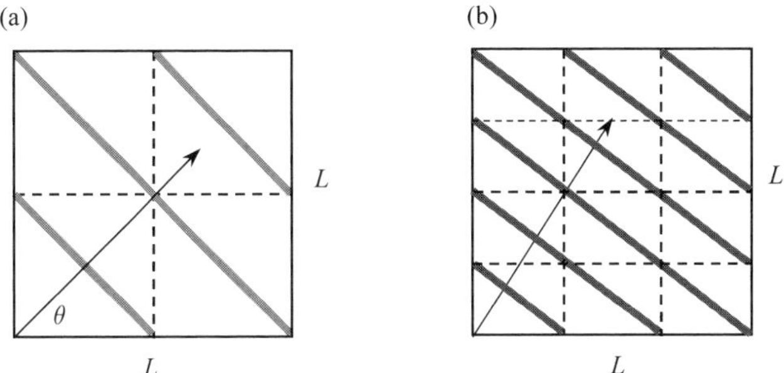

図3-3　1辺がLの正方形の形状をした膜の振動において許される定常波の例。(a) $(n_x, n_y) = (2, 2)$ と (b) $(n_x, n_y) = (3, 4)$ の例を示している。ここでは太線と太線の間隔は半波長に対応している。また、矢印の方向が振動方向となる。

結局、定常波は、正方形の各辺を整数で割った点を結んだ波となる。このとき、線間の距離は半波長に対応している。例として、$(n_x, n_y) = (3, 4)$ の場合の定常波を描くと図 3-3(b)のようになる。このときの波長は

$$\lambda = \frac{2L}{\sqrt{{n_x}^2 + {n_y}^2}} = \frac{2L}{\sqrt{3^2 + 4^2}} = \frac{2}{5}L$$

となる。

したがって、1 辺の長さが L の 2 次元正方膜における光の定常波（この場合は

平面波）の振動数は

$$\nu = \frac{c}{\lambda} = \sqrt{n_x{}^2 + n_y{}^2}\,\frac{c}{2L}$$

となる。具体的に示せば

$$\nu = \sqrt{2}\frac{c}{2L},\quad \sqrt{5}\frac{c}{2L},\quad \sqrt{8}\frac{c}{2L},\cdots$$

となる。

よって、分配関数は、形式的には

$$Z = 2\exp\left(-\frac{\sqrt{2}hc}{2Lk_{\mathrm{B}}T}\right) + 2\exp\left(-\frac{\sqrt{5}hc}{2Lk_{\mathrm{B}}T}\right) + \cdots$$

となる。

ただし、われわれが目指しているのは、$D(\nu)$ を求めることである。実は、計算の手間は同じであるので、$D(\nu)$ の値に関しては 3 次元空間に閉じ込められた光の定常波に対して行うことにする。

3. 2. 3. 立方体容器における定常波

それでは、いよいよ 1 辺の長さが L の立方体の容器に閉じ込められた光の定常波の振動数 ν を求めてみよう。

とはいっても、3 次元の場合、2 次元の波のように、簡単に図示することができない。2 次元の場合には xy 軸を振動面として、z 方向を振動面と考えることができるが、3 次元の場合にはこの方法がうまくいかない。ただし、電磁波は平面波であり、3 次元の波を考える必要はない。

そして、数学的な取り扱いは 2 次元の場合を拡張すればよいので、それほど難しくはない。つまり、図 3-4 に示したように、立方体の中の面間距離が定常波の波長とみなすことができる。

ここで、n_x, n_y, n_z を整数として

$$\lambda_x = \frac{2L}{n_x} \qquad \lambda_y = \frac{2L}{n_y} \qquad \lambda_z = \frac{2L}{n_z}$$

という関係にある。

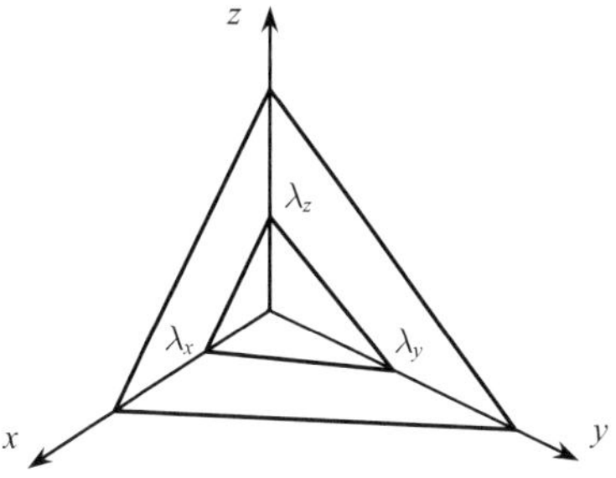

図 3-4　立方体の場合の定常波の波長は図の面間距離に相当する。

定常波の波長（面間距離）を λ とすると、方向余弦に成立する

$$\left(\frac{\lambda}{\lambda_x}\right)^2+\left(\frac{\lambda}{\lambda_y}\right)^2+\left(\frac{\lambda}{\lambda_z}\right)^2=1$$

という関係から

$$\lambda=\frac{2L}{\sqrt{{n_x}^2+{n_y}^2+{n_z}^2}}$$

となる。

したがって、3 次元空間における定常波の振動数は

$$\nu=\frac{c}{\lambda}=\frac{c}{2L}\sqrt{{n_x}^2+{n_y}^2+{n_z}^2}$$

となり、3 次元の場合の固有振動数となる。

よって、当然のことながら、各辺の分割数：n_x, n_y, n_z が増えるほど周波数は大きくなる。実は (n_x, n_y, n_z) を、xyz 空間の座標と考えると、それは、この座標系において、図 3-5 に示すような 3 変数とも整数となる点に相当する。

それでは、つぎに定常波の数 $D(\nu)$ を与える式を導出してみよう。定常波の (n_x, n_y, n_z) は図 3-5 の格子点に対応する。

ここで、定常波の振動数が

$$\nu<\frac{c}{2L}\sqrt{{n_x}^2+{n_y}^2+{n_z}^2}<\nu+\Delta\nu$$

に入る確率を求めてみよう。

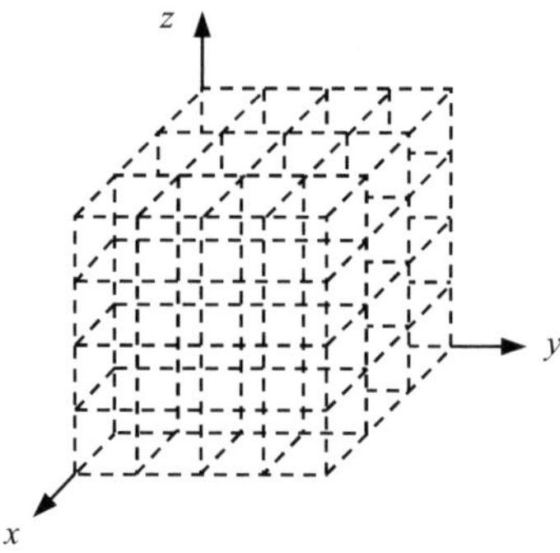

図 3-5　座標の整数の点が定常波の固有振動数を与える。

$r = 2L\nu / c$ と置くと

$$r < \sqrt{n_x{}^2 + n_y{}^2 + n_z{}^2} < r + \Delta r$$

となる。このとき、r は、図 3-5 の 3 次元直交座標における原点からの距離になる。ここで、振動数が大きい領域 ($r >> 1$) では、半径が r および $r + \Delta r$ に囲まれた $x > 0,\ y > 0,\ z > 0$ の領域に入る格子点の数は、その体積にほぼ等しい。これは、図 3-5 の座標の整数点が格子点に対応するが、1 格子あたりの体積が 1 となるからである。この体積は

$$\frac{1}{8}\left(\frac{4}{3}\pi(r + \Delta r)^3 - \frac{4}{3}\pi r^3\right)$$

となる。Δr は小さいので 2 乗以上の項を無視すると

$$\frac{\pi}{2} r^2 \Delta r$$

となる。

演習 3-3　1 辺が L の容器に存在できる光の定常波で、振動数が ν から $\nu + \Delta\nu$ までの間に存在する光波の数を求めよ。

解)　半径が r および $r + \Delta r$ に囲まれた領域に存在する定常波の数は

$$\frac{\pi}{2}r^2\Delta r$$

である。これを振動数が ν から $\nu+\Delta\nu$ までの間に存在する定常波の数に変換すると

$$r=\frac{2L\nu}{c} \quad \text{より} \quad \Delta r=\frac{2L\Delta\nu}{c}$$

から

$$\frac{\pi}{2}r^2\Delta r = \frac{\pi}{2}\left(\frac{2L\nu}{c}\right)^2\frac{2L\Delta\nu}{c} = \frac{4\pi L^3}{c^3}\nu^2\Delta\nu$$

となる。

ただし、ひとつの定常波には位相が π だけ異なる 2 個の波があるので、これを 2 倍して

$$D(\nu)=\frac{8\pi L^3}{c^3}\nu^2$$

となる。

少々苦労したが、容器の中に存在する光の定常波の数である $D(\nu)$ を求めることができた。しかし、このままでは任意の長さ L が入っている。そこで、単位体積あたりの定常波の数、すなわち、密度 $\rho(\nu)$ を一般には使用する。

このとき

$$\rho(\nu)=\frac{D(\nu)}{L^3}=\frac{8\pi}{c^3}\nu^2$$

となる。

つまり、振動数が ν から $\nu+\Delta\nu$ までの間に存在する光の定常波の数は、単位体積では

$$\rho(\nu)d\nu=\frac{8\pi}{c^3}\nu^2 d\nu$$

と与えられることになる。

ここで、定常波 1 個あたりのエネルギーは k_BT 程度である。とすれば、ν と $\nu+d\nu$ という範囲に存在する光のエネルギー $E(\nu)d\nu$ は

$$E(\nu)d\nu = \rho(\nu)k_{\mathrm{B}}Td\nu = \frac{8\pi}{c^3}\nu^2 k_{\mathrm{B}}Td\nu$$

と与えられることになる。

この関係式を**レーリー・ジーンズの法則** (Rayleigh-Jeans law) と呼んでいる。この法則によれば、光のエネルギーは振動数の増加とともに、その2乗に比例して増大する。よって、その総和は発散することになる。これは、明らかにおかしい。ただし、低振動数側の光のエネルギー分布は、この式とよい一致を示すこともわかったのである。

統計力学を学んだ読者にとっては、すぐにわかることであるが、この式では、エネルギーが高くなると、その状態の存在確率が指数関数的に低下するというボルツマン因子の影響が考慮されていない。よって、単純に和をとれば発散してしまうのは当たり前のことである。

3.3. 容器内の光エネルギーの分配関数

レーリー・ジーンズの法則でみられる発散の問題は、統計力学のルールに則って、ボルツマン因子

$$\exp(-E/k_{\mathrm{B}}T) = \exp(-h\nu/k_{\mathrm{B}}T)$$

の項を導入すれば、すぐに修正できる。

このときの、光の定常波のエネルギーに関する分配関数は、本章の冒頭でも紹介したように

$$Z = \int_0^{\infty} \exp\left(-\frac{h\nu}{k_{\mathrm{B}}T}\right) D(\nu)d\nu$$

と与えられる。つまり

$$Z = \int_0^{\infty} \exp\left(-\frac{h\nu}{k_{\mathrm{B}}T}\right) \frac{8\pi L^3}{c^3}\nu^2\, d\nu$$

となる。

ここで、分配関数が無次元であることを思い出してみよう。上記の右辺の単位を調べると、分子の L^3 が $[\mathrm{m}]^3$、$\nu^2 d\nu$ が $[\mathrm{s}^{-1}]^3$ となり、分母の c^3 の単位が $[\mathrm{m/s}]^3$ となるので、確かに無次元となることが確かめられる。

ただし、一般の教科書では、単位体積あたりの値として

$$Z = \int_0^{\infty} \exp\left(-\frac{h\nu}{k_B T}\right) \rho(\nu) d\nu = \int_0^{\infty} \exp\left(-\frac{h\nu}{k_B T}\right) \frac{8\pi}{c^3} \nu^2 d\nu$$

を採用することが多い。

本書でも、これ以降は、この表式を採用することにする。

演習 3-4　単位体積の容器に閉じ込められた光の定常波に対応する分配関数を計算せよ。

解）　逆温度 $\beta = 1/k_B T$ を使うと、分配関数は

$$Z = \frac{8\pi}{c^3} \int_0^{\infty} \nu^2 \exp(-\beta h\nu) d\nu$$

となる。$t = \beta h\nu$ と変数変換すると

$$d\nu = \frac{1}{\beta h} dt \quad \text{および} \quad \nu^2 = \frac{t^2}{\beta^2 h^2}$$

となり、積分範囲は変わらないから

$$Z = \frac{8\pi}{\beta^3 h^3 c^3} \int_0^{\infty} t^2 \exp(-t) dt$$

となる。

この積分は、補遺 3-1 に示したガンマ関数であり

$$\int_0^{\infty} t^2 \exp(-t) dt = \Gamma(3) = 2$$

と与えられる。よって、分配関数は

$$Z = \frac{16\pi}{\beta^3 h^3 c^3} = \frac{16\pi}{h^3 c^3} {k_B}^3 T^3$$

となる。

ここで、平均エネルギーを求めてみよう。

$$< E > = -\frac{1}{Z} \frac{\partial Z}{\partial \beta} = -\frac{\partial (\ln Z)}{\partial \beta}$$

と与えられる。

$$Z=\frac{16\pi}{\beta^3h^3c^3} \quad から \quad \ln Z=\ln\left(\frac{16\pi}{h^3c^3}\right)-3\ln\beta$$

となるので

$$<E>=3k_{\rm B}T$$

となる。

これは、振動数 ν の光の定常波には、自由度が 6 あることに対応している。つまり、x, y, z 方向、3 方向の振動と、それぞれの ν に、位相が π だけ異なる 2 種類の定常波（波の上下が反転した波）が存在するためである。

ここで、統計力学のルールにしたがって修正した分配関数の被積分項をみると

$$\exp\left(-\frac{h\nu}{k_{\rm B}T}\right)\frac{8\pi\nu^2}{c^3}d\nu$$

となっている。

これは、ν と $\nu+d\nu$ の範囲に存在する光の定常波の状態数に相当する。よって、νと $\nu+d\nu$ の範囲に存在する光のエネルギー $E(\nu)d\nu$ は、単位体積あたり

$$E(\nu)d\nu= \ h\nu\exp\left(-\frac{h\nu}{k_{\rm B}T}\right)\frac{8\pi\nu^2}{c^3}d\nu$$

となることを示している。

この関係を**ウィーンの変位則** (Wien's displacement law) と呼んでいる。この法則は、もともと、光の強度の振動数依存性において、図 3-6 に示したように、強度のピークを与える振動数が温度に比例して大きくなるという実験結果を説明するために導入された実験式である。

ウィーンの変位則は実験式であるが、統計力学におけるカノニカル分布の考え方、つまりボルツマン因子を導入すれば、光のエネルギーの振動数依存性を、理論的に導出することができるのである。しかし、新たな問題が生じたのである。

図 3-7 に示すように、ウィーンの変位則は、光の強度分布をかなりよく再現できる。これは、統計力学的考え方でも説明できるものであった。ただし、図に示すように、振動数が低い領域では、むしろレーリー・ジーンズの法則の方が実験結果をうまく説明できるのである。

ウィーンの変位則による分布式は、統計力学という理論的背景もしっかりしている。何が違うのであろうか。ここで、本章の冒頭でも紹介したように、プランクがこの実験結果を説明できる実験式を提案するのである。

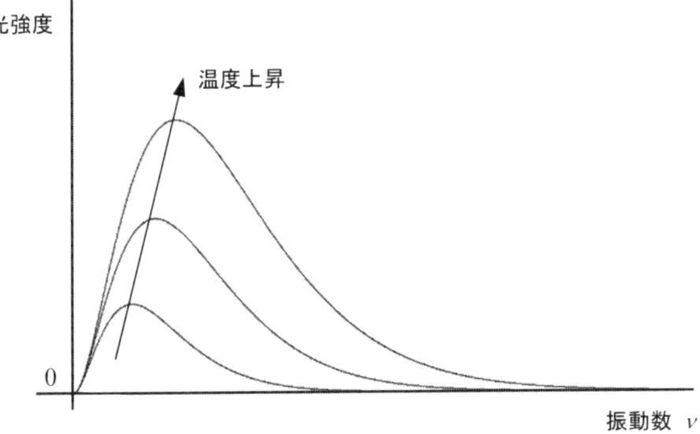

図 3-6　容器内に閉じ込められた光の振動数とエネルギー強度の関係

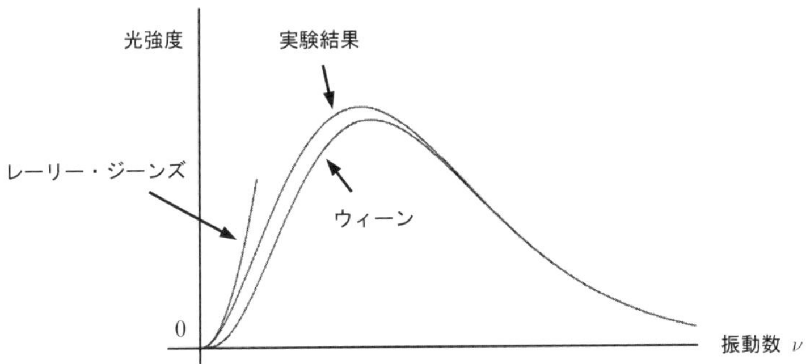

図 3-7　光のエネルギースペクトルの測定結果と、レーリー・ジーンズの法則およびウィーンの変位則によるフィッティング。

3.4.　プランクの輻射式

プランクは、容器内に閉じ込められた光のエネルギースペクトルを振動数領域全体にわたってうまく説明できる分布式を見つけた。それは、ν と $\nu + d\nu$ の範囲に存在する光のエネルギー $E(\nu)d\nu$ は

$$E(\nu)\,d\nu = \frac{8\pi\nu^2}{c^3}\frac{h\nu}{\exp\left(\frac{h\nu}{k_B T}\right)-1}d\nu$$

という式によって与えられるというものである。

この表式は、図 3-7 の実験結果を見事に再現するものであり、プランクの輻射式と呼ばれている。これは、先ほど求めた光エネルギーの分布式

$$E(\nu)\,d\nu = \frac{8\pi\nu^2}{c^3} h\nu \exp\left(-\frac{h\nu}{k_B T}\right) d\nu = \frac{8\pi\nu^2}{c^3} \frac{h\nu}{\exp\left(\dfrac{h\nu}{k_B T}\right)} d\nu$$

において分母の $\exp(h\nu / k_B T)$ を、それから 1 を引いた値に修正しただけのものである。つまり、除する値を

$$\exp\left(\frac{h\nu}{k_B T}\right) \;\to\; \exp\left(\frac{h\nu}{k_B T}\right) - 1$$

と修正しただけの式である。

このように、プランクは、分母から 1 を引くという簡単な修正を加えることで、見事に光のエネルギー分布を全振動数領域にわたって表現できる表式を見出したのである。しかし、分母から 1 を引くという操作にどんな意味があるのであろうか。

プランクは、これをヒントに、ある重要な結論に達するのである。それは、空洞に閉じ込められた光のエネルギーは、連続ではなく

$$0h\nu\ ,\ 1h\nu\ ,\ 2h\nu\ ,\ 3h\nu\ ,\ \ldots,\ nh\nu\ ,\ldots$$

のような飛び飛びの値をとるということである。

演習 3-5　空洞内に閉じ込められた光のエネルギーが n を正の整数として $E = nh\nu$ のように飛び飛びの値をとると仮定して、光波 1 個のエネルギーの分配関数を求めよ。さらに平均エネルギーを計算せよ。

解）　エネルギーが $E = nh\nu$ $(n = 0, 1, 2, \ldots)$ であるので、光波の 1 粒子系の分配関数 Z は

$$Z = \exp\left(-\frac{0h\nu}{k_B T}\right) + \exp\left(-\frac{h\nu}{k_B T}\right) + \exp\left(-\frac{2h\nu}{k_B T}\right) + \ldots + \exp\left(-\frac{nh\nu}{k_B T}\right) + \ldots$$

$$= 1 + \exp\left(-\frac{h\nu}{k_B T}\right) + \exp\left(-\frac{2h\nu}{k_B T}\right) + \ldots + \exp\left(-\frac{nh\nu}{k_B T}\right) + \ldots$$

となる。

これは、初項が1で公比が $\exp(-h\nu/k_B T)$ の無限等比級数であるので

$$Z = \frac{1}{1-\exp\left(-\frac{h\nu}{k_B T}\right)} = \frac{1}{1-\exp(-\beta h\nu)}$$

となる。

ここで、光波1個あたりの平均エネルギー u は

$$u = -\frac{1}{Z}\frac{\partial Z}{\partial \beta}$$

と与えられる。

$$\frac{\partial Z}{\partial \beta} = \frac{-h\nu \exp(-\beta h\nu)}{\{1-\exp(-\beta h\nu)\}^2}$$

となるので

$$u = -\frac{1}{Z}\frac{\partial Z}{\partial \beta} = \frac{h\nu \exp(-\beta h\nu)}{1-\exp(-\beta h\nu)} = \frac{h\nu}{\exp(\beta h\nu)-1} = \frac{h\nu}{\exp\left(\frac{h\nu}{k_B T}\right)-1}$$

となる。

このように、光のエネルギーが $h\nu$ を単位として、飛び飛びであるという仮定をすると、プランクの輻射式の分布が得られるのである。古典力学においては、波の振動数 ν は連続となるはずである。しかし、プランクの輻射式によれば、空洞の中に閉じ込められた光の振動数 ν は連続ではなく、ある基準周波数の整数倍の値しかとらないことを示している。つまり、光のエネルギーは量子化されていることを示しているのである。これは、古典物理学では説明することができない。

しかも、光の振動数とエネルギーを結ぶ比例定数の h は、量子力学において、基本かつ重要な役割を演じることになる。

ただし、プランクは、量子力学の夜明けを信じていたわけではなく、自分が発見した結果も、いずれは、古典物理学で説明できるものと考えていたのである。

3.5. 光スペクトルの統一的理解

実は、プランクの輻射式を使えば、レーリー・ジーンズの法則やウィーンの変位則を導出することが可能となる。

演習 3-6 プランクの輻射式を使って、レーリー・ジーンズの法則およびウィーンの変位則を導出せよ。

解） 振動数 ν が小さい場合と大きい場合に分けて考えればよい。指数関数は

$$\exp\left(\frac{h\nu}{k_{\mathrm{B}}T}\right)=1+\frac{h\nu}{k_{\mathrm{B}}T}+\frac{1}{2!}\left(\frac{h\nu}{k_{\mathrm{B}}T}\right)^2+\frac{1}{3!}\left(\frac{h\nu}{k_{\mathrm{B}}T}\right)^3+...$$

と展開することができる。

ν が小さいときには 2 乗以降の項を無視すると

$$\exp\left(\frac{h\nu}{k_{\mathrm{B}}T}\right)-1\cong\frac{h\nu}{k_{\mathrm{B}}T}$$

と近似できる。

これをプランクの輻射式に代入すると

$$E(\nu)d\nu=\frac{8\pi\nu^2}{c^3}\frac{h\nu}{\exp\left(\dfrac{h\nu}{k_{\mathrm{B}}T}\right)-1}d\nu\cong\frac{8\pi\nu^2}{c^3}\frac{h\nu}{\dfrac{h\nu}{k_{\mathrm{B}}T}}d\nu=\frac{8\pi\nu^2}{c^3}k_{\mathrm{B}}Td\nu$$

となって、レーリー・ジーンズの法則が得られる。

つぎに、ν が大きい場合には

$$\exp\left(\frac{h\nu}{k_{\mathrm{B}}T}\right)>>1$$

であるから

$$\exp\left(\frac{h\nu}{k_{\mathrm{B}}T}\right)-1\cong\exp\left(\frac{h\nu}{k_{\mathrm{B}}T}\right)$$

とみなせるのでウィーンの分布式と等価となる。

演習 3-7　プランクの輻射式

$$E(\nu)=\frac{8\pi\nu^2}{c^3}\frac{h\nu}{\exp\left(\dfrac{h\nu}{k_{\mathrm{B}}T}\right)-1}$$

をもとに容器に閉じ込められた光の全エネルギーの温度依存性を求めよ。

解）　単位体積の容器内に存在する光の定常波の全エネルギー E^{total} は、プランクの輻射式を ν に関して 0 から ∞ まで積分すれば得られる。

よって

$$E^{\mathrm{total}}=\int_0^\infty E(\nu)\,d\nu=\frac{8\pi h}{c^3}\int_0^\infty\frac{\nu^3}{\exp(\beta h\nu)-1}d\nu$$

となる。ここで、$t=\beta h\nu$ と置くと

$$\int_0^\infty\frac{\nu^3}{\exp(\beta h\nu)-1}d\nu=\frac{1}{\beta^4h^4}\int_0^\infty\frac{t^3}{e^t-1}dt$$

補遺 3-2 から

$$\int_0^\infty\frac{t^3}{e^t-1}dt=\frac{\pi^4}{15}$$

と与えられるので

$$E^{\mathrm{total}}=\int_0^\infty E(\nu)\,d\nu=\frac{8\pi^5}{15c^3h^3\beta^4}=\frac{8\pi^5{k_{\mathrm{B}}}^4}{15c^3h^3}T^4$$

となる。

温度以外はすべて定数であるから

$$\sigma=\frac{8\pi^5{k_{\mathrm{B}}}^4}{15\,c^3h^3}$$

と置くと

$$E^{\mathrm{total}}=\int_0^\infty E(\nu)d\nu=\sigma T^4$$

となる。

よって、容器に閉じ込められた光のエネルギーは温度の 4 乗に比例する。この

温度依存性は、**ステファン-ボルツマンの法則** (Stefan-Boltzmann law) として知られている。また、定数 σ は、**ステファン-ボルツマン定数** (Stefan-Boltzmann constant) と呼ばれており

$$\sigma = \frac{8\pi^5 {k_B}^4}{15c^3h^3} = 163.2\frac{{k_B}^4}{c^3h^3}$$

と与えられる。

ステファン-ボルツマンの法則は、非常に簡単な式であるが、有限温度の物体が放出するエネルギーを表現できることから応用範囲が広い。たとえば、地球温暖化を議論する際に、太陽光によって温められた地表面から、熱が宇宙に逃げる際の計算にも使われる。

> **演習 3-8** ウィーンの変位則を使って、単位体積の空洞内に閉じ込められている光の全エネルギーを求めよ。

解) ウィーンの変位則では

$$E(\nu)d\nu = h\nu \exp\left(-\frac{h\nu}{kT}\right)\frac{8\pi\nu^2}{c^3}d\nu = h\nu \exp(-\beta h\nu)\frac{8\pi\nu^2}{c^3}d\nu$$

となる。よって

$$E^{\text{total}} = \int_0^\infty E(\nu)\,d\nu = \frac{8\pi h}{c^3}\int_0^\infty \frac{\nu^3}{\exp(\beta h\nu)}d\nu$$

$t = \beta h\nu$ と置くと

$$\int_0^\infty \frac{\nu^3}{\exp(\beta h\nu)}d\nu = \frac{1}{\beta^4h^4}\int_0^\infty \frac{t^3}{\exp(t)}dt = \frac{1}{\beta^4h^4}\int_0^\infty t^3e^{-t}dt$$

となる。

ここで、補遺 3-1 のガンマ関数の定義から

$$\int_0^\infty t^3e^{-t}dt = \Gamma(4) = 6$$

となるので

$$E^{\text{total}} = \frac{8\pi h}{c^3}\int_0^\infty \frac{\nu^3}{\exp(\beta h\nu)}d\nu = \frac{8\pi h}{c^3}\frac{6}{\beta^4h^4} = \frac{48\pi {k_B}^4}{c^3h^3}T^4$$

となる。

したがって、ウィーンの変位則を使えば、ステファン-ボルツマン定数は

$$E^{\mathrm{total}} = \frac{48\pi {k_{\mathrm{B}}}^4}{c^3 h^3} T^4$$

から

$$\sigma = \frac{48\pi {k_{\mathrm{B}}}^4}{c^3 h^3} = 150.7 \frac{{k_{\mathrm{B}}}^4}{c^3 h^3}$$

となる。

よって、プランクの輻射式とウィーンの変位則では、ステファン-ボルツマン定数は、それぞれ

$$\sigma = 163.2 \frac{{k_{\mathrm{B}}}^4}{c^3 h^3} \qquad \sigma = 150.7 \frac{{k_{\mathrm{B}}}^4}{c^3 h^3}$$

となり、少し誤差が生じることになる。

3. 6.　波長による表現

いままでは、振動数で光のエネルギーを表現してきたが、光の波長 λ によりプランクの輻射式を表現する場合もある。

演習 3-9　プランクの輻射式

$$E(\nu)\, d\nu = \frac{8\pi\nu^2}{c^3} \frac{h\nu}{\exp\left(\dfrac{h\nu}{k_{\mathrm{B}} T}\right) - 1} d\nu$$

における変数を、振動数 ν から波長 λ に変換せよ。

解)　光の振動数 ν と波長 λ の間には、光速を c として、$c = \lambda\nu$ という関係が成立する。よって

$$\nu = \frac{c}{\lambda} \qquad \text{から} \qquad d\nu = -\frac{c}{\lambda^2} d\lambda$$

となる。これらをプランクの輻射式

$$\frac{8\pi\nu^2}{c^3}\frac{h\nu}{\exp\left(\frac{h\nu}{k_B T}\right)-1}d\nu$$

に代入すると

$$\frac{8\pi c^2}{c^3\lambda^2}\frac{hc/\lambda}{\exp\left(\frac{hc}{\lambda k_B T}\right)-1}\left(-\frac{c}{\lambda^2}\right)d\lambda=-\frac{8\pi}{\lambda^5}\frac{hc}{\exp\left(\frac{hc}{\lambda k_B T}\right)-1}d\lambda$$

となる。

よって、波長 λ で表示したエネルギー分布は

$$E(\lambda)d\lambda=-\frac{8\pi}{\lambda^5}\frac{hc}{\exp\left(\frac{hc}{\lambda k_B T}\right)-1}d\lambda=-8\pi\lambda^{-5}\frac{hc}{\exp\left(\frac{hc}{\lambda k_B T}\right)-1}d\lambda$$

と与えられることになる。

ここで、λ に関する極値を求めてみよう。煩雑さを避けるために $hc/k_B T=a$ と置くと

$$E(\lambda)=-8\pi\lambda^{-5}\frac{hc}{\exp\left(\frac{a}{\lambda}\right)-1}$$

となり

$$\frac{dE(\lambda)}{d\lambda}=40\pi\lambda^{-6}\frac{hc}{\exp\left(\frac{a}{\lambda}\right)-1}+8\pi\lambda^{-5}\frac{hc\left(-\frac{a}{\lambda^2}\right)\exp\left(\frac{a}{\lambda}\right)}{\left\{\exp\left(\frac{a}{\lambda}\right)-1\right\}^2}$$

$$=8\pi hc\lambda^{-6}\frac{5\left\{\exp\left(\frac{a}{\lambda}\right)-1\right\}-\frac{a}{\lambda}\exp\left(\frac{a}{\lambda}\right)}{\left\{\exp\left(\frac{a}{\lambda}\right)-1\right\}^2}$$

となる。極値においては $dE(\lambda)/d\lambda=0$ であるから

$$5\left\{\exp\left(\frac{a}{\lambda}\right)-1\right\}-\frac{a}{\lambda}\exp\left(\frac{a}{\lambda}\right)=0$$

となる。

この式を解けば、極値を与える λ の値 λ_m が得られる。ただし、この方程式を解析的に解くことはできない。そこで工夫が必要となる。まず

$$x=\frac{a}{\lambda}=\frac{hc}{\lambda k_B T}$$

と置くと

$$5\left\{\exp(x)-1\right\}-x\exp(x)=0$$

から

$$xe^x-5e^x+5=0$$

となる。

この方程式は、数値計算によって解法することが可能である。あるいは、$x=5$ のとき、左辺は 5 となり、$x=4$ のとき、$5-e^4<0$ であるから、解は $4<x<5$ の範囲にあることから、x を地道に解を求める方法もある。

ここでは、$y=f(x)=xe^x-5e^x+5$ という関数のグラフを描いたうえで、$y=0$ との交点を求める方法をとる。このグラフは図 3-8 のようになり、交点は、$x=0$ と $x=4.965$ と得られる。

したがって

$$\frac{hc}{\lambda_m k_\mathrm{B} T}=4.965$$

となり

$$\lambda_m=\frac{hc}{4.965k_\mathrm{B}T}=\frac{0.002899}{T}$$

という関係が得られる。

これは、まさにウィーンの変位則を波長で示した式である。

ちなみに

$$c=\lambda_m \nu_m$$

という関係にあるから

$$\nu_m = \frac{4.965 k_B}{h} T$$

となって、振動数のピークが温度に比例するという関係も得られる。

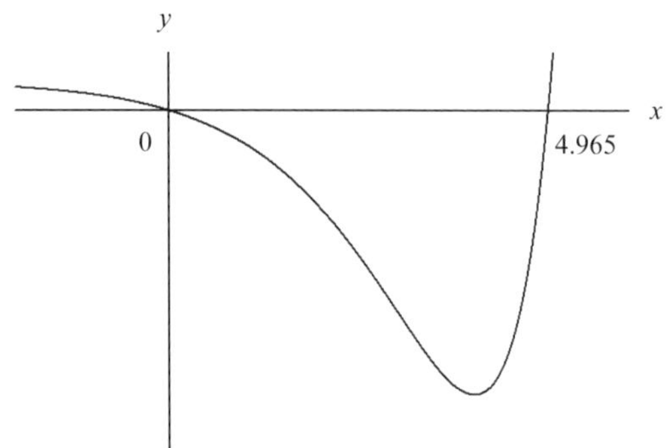

図 3-8　$y = xe^x - 5e^x + 5$ のグラフ

このように、プランクは、空洞放射のエネルギースペクトルを見事に表現できる式を発見したが、その結果、光のエネルギーは飛び飛びの値しかとれないという当時の常識では受け入れがたい結果に直面するのである。

冒頭で紹介したように、これは、光に粒子性があることを示唆しており、量子力学の誕生につながる大発見であった。しかし、当初は、すぐに新しい物理の構築にはつながらなかった。プランク自身も、自分の発見も、いずれ古典力学で説明できるはずと考えていたのである。いつの時代においても、確立された学問の常識を破るということは大変なことなのである。

ここで、プランクの輻射式にあらわれる

$$\frac{1}{\exp\left(\dfrac{h\nu}{k_B T}\right) - 1} = \frac{1}{\exp\left(\dfrac{E}{k_B T}\right) - 1}$$

という因子について考えてみよう。

この式は、実はボーズ粒子のエネルギー分布が従う**ボーズ分布関数** (Bose distribution function) の

$$f(E)=\frac{1}{\exp\left(\dfrac{E-\mu}{k_{\mathrm{B}}T}\right)-1}$$

において、化学ポテンシャル μ を 0 と置いたものである。

これは光波が、質量のないボーズ粒子、つまり**光子** (photon) に対応することを示唆している。そして、光には質量がない。そのため、気体分子のような質量のある粒子の移動がともなう変化と異なり、$\mu=0$ となると考えられている。

$\mu=0$ のボーズ分布関数（プランク分布関数）は次章でも登場する。

補遺 3-1　ガンマ関数

ガンマ関数 (Γ function) は次の積分によって定義される特殊関数である。

$$\Gamma(x) = \int_0^{\infty} t^{x-1} e^{-t} dt$$

この関数は**階乗** (factorial) と同じ働きをするので、物理数学において階乗の近似を行うときなどに利用される。その特徴をまず調べてみよう。**部分積分** (integration by parts) を利用すると

$$\Gamma(x+1) = \int_0^{\infty} t^{x} e^{-t} dt = \left[-t^x e^{-t} \right]_0^{\infty} + x\int_0^{\infty} t^{x-1} e^{-t} dt$$

と変形できる。

ここで、右辺の第 1 項において、x が負であると、この積分の下端で $t \to 0$ で、$t^x \to \infty$ と発散してしまうので値が得られない。このため、この積分を使ったガンマ関数の定義域は正の領域となる。

$x > 0$ とすると、この積分は

$$\Gamma(x+1) = \int_0^{\infty} t^{x} e^{-t} dt = \left[-t^x e^{-t} \right]_0^{\infty} + x\int_0^{\infty} t^{x-1} e^{-t} dt = x\int_0^{\infty} t^{x-1} e^{-t} dt$$

と変形できる。ここで、最後の式の積分をみると、これはまさに $\Gamma(x)$ である。よって

$$\Gamma(x+1) = x\Gamma(x)$$

という**漸化式** (recursion relation) を満足することがわかる。ここで、Γ 関数の定義式において $x=1$ を代入してみよう。すると

$$\Gamma(1) = \int_0^{\infty} e^{-t} dt = \left[-e^{-t} \right]_0^{\infty} = 1$$

と計算できる。この値がわかれば、漸化式を使うと

$$\Gamma(2) = 1\Gamma(1) = 1$$

のように $\Gamma(2)$ を計算することができる。

同様にして漸化式を利用すると

$$\Gamma(3) = 2\Gamma(2) = 2 \cdot 1$$

$$\Gamma(4) = 3\Gamma(3) = 3 \cdot 2 \cdot 1 = 6$$

と順次計算でき

$$\Gamma(n+1) = n \cdot (n-1) \cdot (n-2) \cdots \cdot 3 \cdot 2 \cdot 1 = n!$$

のように、階乗に対応していることがわかる。

補遺 3-2　ゼータ関数

ゼータ関数 (ζ function) の定義は

$$\zeta(s) = \frac{1}{1^s} + \frac{1}{2^s} + \frac{1}{3^s} + ... + \frac{1}{n^s} + ... = \sum_{n=1}^{\infty} \frac{1}{n^s}$$

である。ここで s は任意の実数であるが、複素数に拡張することも可能である。

代表的なゼータ関数の値を示すと

$$\zeta(2) = \frac{1}{1^2} + \frac{1}{2^2} + \frac{1}{3^2} + ... + \frac{1}{n^2} + ... = \frac{\pi^2}{6}$$

$$\zeta(4) = \frac{1}{1^4} + \frac{1}{2^4} + \frac{1}{3^4} + ... + \frac{1}{n^4} + ... = \frac{\pi^4}{90}$$

となる。同様にして $\zeta(6) = \dfrac{\pi^6}{945}$ も得られる。

ここで、ゼータ関数とガンマ関数を使うと

$$\int_0^{\infty} \frac{t^3}{\exp t - 1} dt = \frac{\pi^4}{15}$$

という積分が可能となる。

まず、ガンマ関数とゼータ関数の変数を s と置いて、これら関数の積を計算してみよう。すると

$$\Gamma(s)\zeta(s) = \left(\int_0^{\infty} t^{s-1} e^{-t} dt\right)\left(\sum_{n=1}^{\infty} \frac{1}{n^s}\right) = \int_0^{\infty} \sum_{n=1}^{\infty} \frac{1}{n^s} t^{s-1} e^{-t} dt$$

となる。

最後の積分において、$t = nx$ と変数変換すると $dt = ndx$ となり

$$\int_0^{\infty} \sum_{n=1}^{\infty} \frac{1}{n^s} t^{s-1} e^{-t} dt = \int_0^{\infty} \sum_{n=1}^{\infty} \frac{1}{n^s} (nx)^{s-1} e^{-nx} ndx = \int_0^{\infty} \sum_{n=1}^{\infty} x^{s-1} e^{-nx} dx$$

$$= \int_0^{\infty} x^{s-1} \sum_{n=1}^{\infty} e^{-nx} dx$$

と変形できる。ここで

$$\sum_{n=1}^{\infty} e^{-nx} = e^{-x} + e^{-2x} + e^{-3x} + \ldots + e^{-nx} + \ldots$$

は、初項が e^{-x} であり、公比が e^{-x} の無限等比級数の和であるから

$$\sum_{n=1}^{\infty} e^{-nx} = \frac{e^{-x}}{1-e^{-x}}$$

となる。分子、分母に e^{x} を乗じると

$$\sum_{n=1}^{\infty} e^{-nx} = \frac{1}{e^{x}-1}$$

となる。したがって

$$\Gamma(s)\zeta(s) = \int_{0}^{\infty} \frac{x^{s-1}}{e^{x}-1} dx$$

という積分となる。

ここで、$s=4$ のとき

$$\int_{0}^{\infty} \frac{x^{3}}{e^{x}-1} dx = \Gamma(4)\zeta(4)$$

となる。よって

$$\int_{0}^{\infty} \frac{x^{3}}{e^{x}-1} dx = \Gamma(4)\zeta(4) = 6 \times \frac{\pi^{4}}{90} = \frac{\pi^{4}}{15}$$

と与えられる。

第 4 章　固体の比熱

統計力学を適用することによって、物理現象の理解が進んだ例は数多くあるが、本章では、固体の**比熱** (specific heat) を紹介する。

固体中の原子は、絶対零度では、格子の安定点である平衡位置に静止しているが、有限の温度では、**熱振動** (thermal vibration) をする。

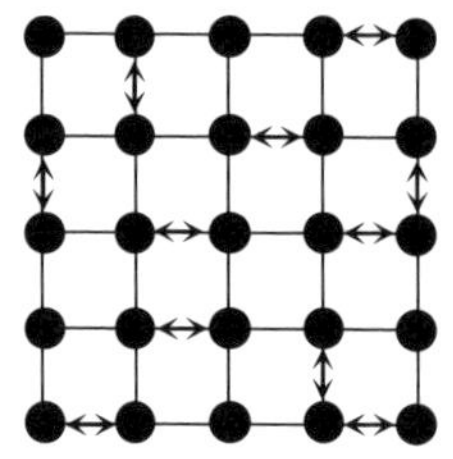

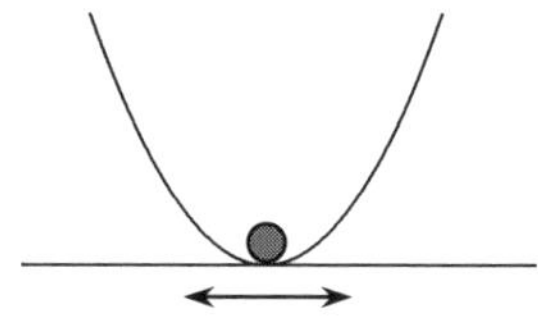

図 4-1　固体中の原子は互いに連結されて格子を構成し、有限の温度では、格子点（平衡位置）を中心に熱振動している。

本章では、この格子の熱振動にともなうエネルギーについて考察する。もっとも単純には、この熱振動は、図 4-1 に示すように、平衡位置を中心にした原子の単振動とみなすことができ、**調和振動子** (harmonic oscillator) によって近似することができる。

4. 1.　アインシュタインモデル

ここでは、図 4-2 のように、原子どうしの相関はなく、個々の原子が独立して振動している場合を想定して解析してみよう。

図 4-2　アインシュタインモデルでは、固体中の原子は互いに相関せずに、格子点を中心に自由に熱振動していると考える。

これを、**アインシュタインモデル** (Einstein model) と呼んでいる。

ここで、格子振動を統計力学的に解析するためには、ボルツマン因子

$$\exp\left(-\frac{E}{k_B T}\right) = e^{-\frac{E}{k_B T}}$$

に入るエネルギー項 E を考えなければならない。

固体を構成する原子の熱振動が、補遺 2-2 で紹介した量子力学的調和振動子として近似できると仮定すれば

$$E_0 = 0\,,\ \ E_1 = \hbar\omega\ \ ,\ \ E_2 = 2\hbar\omega\ \ ,\ \ E_3 = 3\hbar\omega\ \ ,\ \dots$$

が想定される。ただし、$\hbar$ はプランク定数 h を 2π で除したものであり、ω は原子振動の角振動数である。原子の質量を m、熱振動のばね定数を k とすると

$$\omega = \sqrt{\frac{k}{m}}$$

という関係にある。一般式では

$$E_n = n\hbar\omega \qquad (n = 0, 1, 2, 3, \dots)$$

となる。

ところで、量子力学的調和振動子のシュレーディンガー方程式を解法すると、正式には

$$E_n = \left(n + \frac{1}{2}\right)\hbar\omega$$

という解が得られ、最低エネルギー準位（ゼロ点エネルギー）として、$E_0 = (1/2)\hbar\omega$ が得られる。ただし、統計力学のような多体からなる系を扱う場合には、本質的ではないので、$E_0 = 0$ としてもよい。本書においても、この考えを採用する。

演習 4-1　固体内の原子の熱振動が、すべての原子が独立した調和振動子モデルで記述できるものと仮定した場合、1 個の原子の振動に対応した分配関数 Z を求めよ。ただし、そのエネルギーに上限はないものとする。

解）　1 個の原子がとりうるエネルギー準位は $E_0 = 0,\ E_1 = \hbar\omega, \dots, E_n = n\hbar\omega, \dots$ となるので、分配関数 Z は

$$Z = \exp\left(-\frac{E_0}{k_B T}\right) + \exp\left(-\frac{E_1}{k_B T}\right) + \dots + \exp\left(-\frac{E_n}{k_B T}\right) + \dots$$

$$= 1 + \exp\left(-\frac{\hbar\omega}{k_B T}\right) + \dots + \exp\left(-\frac{n\hbar\omega}{k_B T}\right) + \dots$$

となる。この和は初項が 1 で公比が $\exp\left(-\frac{\hbar\omega}{k_B T}\right)$ の無限級数であるから

$$Z = \frac{1}{1 - \exp\left(-\frac{\hbar\omega}{k_B T}\right)}$$

となる。

演習 4-2　固体を構成する原子を、すべて独立した調和振動子とみなしたとき、1 個の原子が温度 T で有する平均エネルギー $<E>$ を求めよ。

解）　分配関数は $Z = \frac{1}{1 - \exp\left(-\frac{\hbar\omega}{k_B T}\right)} = \frac{1}{1 - \exp(-\beta\hbar\omega)}$

となるが、平均エネルギーは

$$<E> = -\frac{\partial}{\partial\beta}(\ln Z) = -\frac{1}{Z}\frac{\partial Z}{\partial\beta}$$

と与えられる。ここで

$$\frac{\partial Z}{\partial\beta} = -\frac{\hbar\omega \exp(-\beta\hbar\omega)}{\{1 - \exp(-\beta\hbar\omega)\}^2}$$

であるから

$$< E > = -\frac{1}{Z}\frac{\partial Z}{\partial \beta} = \frac{\hbar\omega \exp\left(-\beta\hbar\omega\right)}{1-\exp\left(-\beta\hbar\omega\right)} = \frac{\hbar\omega}{\exp\left(\beta\hbar\omega\right)-1}$$

$$= \frac{\hbar\omega}{\exp\left(\dfrac{\hbar\omega}{k_B T}\right)-1}$$

となる。

このように、平均エネルギーとして、前章で扱ったプランクの輻射式に似た表式が得られることがわかる。ただし、光のエネルギーは $h\nu$ とし、調和振動子のエネルギーは $\hbar\omega$ としているが、$\hbar = h/2\pi$ かつ $\omega = 2\pi\nu$ という関係にあるので、両者は同じものである。

ここで、光のエネルギーと格子振動に共通して

$$\frac{1}{\exp\left(\dfrac{\hbar\omega}{k_B T}\right)-1} = \frac{1}{\exp\left(\dfrac{h\nu}{k_B T}\right)-1} = \frac{1}{\exp\left(\dfrac{E}{k_B T}\right)-1}$$

というかたちをした数式が入っていることに気づく。この関数は、プランク分布関数と呼ばれており、ボーズ分布関数

$$\frac{1}{\exp\left(\dfrac{E-\mu}{k_B T}\right)-1}$$

において、$\mu = 0$ としたものである[5]。ボーズ粒子では、ひとつのエネルギー準位を占有できる粒子数に制限がないという特徴を有する。

ここで、$\mu = 0$ について、少し説明しておこう。μ は化学ポテンシャルと呼ばれ、粒子が系に 1 個付加されたときのエネルギー増加分に相当する。しかし、光の場合も格子振動の場合も、実在の粒子が系に付加されるわけではない。よって、粒子数が変化しないので、$\mu = 0$ となるのである。

このように、光波も原子の振動も物理的実体のない仮想粒子であり、いずれも $\mu = 0$ のボーズ粒子となる。そして、それぞれを粒子になぞらえて、**光子** (photon) および**音子** (phonon) と呼んでいる。

---

[5] 村上・飯田・小林著『統計力学―基礎編』(飛翔舎、2023) を参照されたい。

ところで、いま求めた $<E>$ は、固体を構成する 1 個の原子が温度 T において有する熱振動の平均エネルギーである。われわれが求めたいのは、固体に含まれる多くの原子の振動エネルギーの総和である。

そこで、固体が N 個の原子を含むとしよう。すると、単純には、固体の全エネルギーは、1 個の原子の平均エネルギーを N 倍すれば得られるはずである。ただし、これだけでは不十分である。原子の運動には x-y-z 方向の 3 個の自由度がある。よって、格子全体の自由度は $3N$ となるのである。

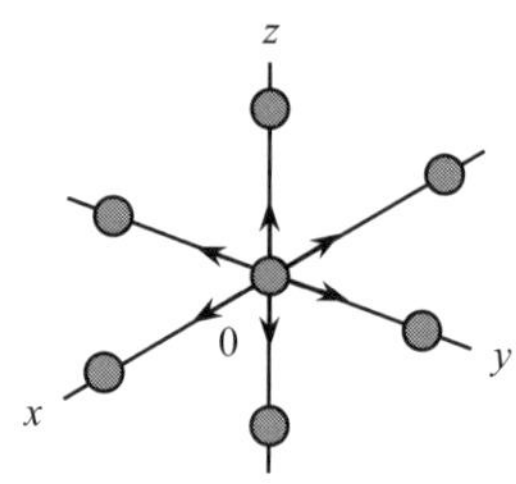

図 4-3 図 4-2 の 1 次元鎖モデルでは、1 方向の振動のみを考えたが、3 次元の格子には、その振動に 3 個の自由度がある。

したがって、3 次元の固体においては、格子の運動による内部エネルギー U_{lattice} は $<E>$ を $3N$ 倍して

$$U_{\text{lattice}} = 3N < E > = \frac{3N\hbar\omega}{\exp\left(\dfrac{\hbar\omega}{k_{\text{B}}T}\right) - 1}$$

と与えられることになる。

演習 4-3 格子振動が調和振動子で近似できると仮定した場合、N 個の 3 次元格子からなる固体の格子比熱 C_{lattice} を求めよ。

解） 格子比熱は $C_{\text{lattice}} = \partial U_{\text{lattice}} / \partial T$ によって与えられる。

ここで

$$f(T)=\exp\left(\frac{\hbar\omega}{k_BT}\right)-1 = \exp\left(g(T)\right)-1$$

と置くと

$$f'(T)=\frac{df(T)}{dT}=g'(T)\exp\left(g(T)\right)=-\frac{\hbar\omega}{k_BT^2}\exp\left(\frac{\hbar\omega}{k_BT}\right)$$

$$C_{\text{lattice}}=\frac{dU_{\text{lattice}}}{dT} = -3N\hbar\omega\frac{f'(T)}{\left(f(T)\right)^2}$$

よって

$$C_{\text{lattice}}= 3Nk_B\left(\frac{\hbar\omega}{k_BT}\right)^2\frac{\exp\left(\hbar\omega / k_BT\right)}{\left\{\exp\left(\hbar\omega / k_BT\right)-1\right\}^2}$$

となる。

このままでは、式が煩雑であるので、低温と高温の場合の近似を示しておこう。低温では $\hbar\omega >> k_BT$ であるので

$$T\to 0 \quad \text{のとき} \quad \exp\left(\frac{\hbar\omega}{k_BT}\right)-1\to\infty$$

から

$$U_{\text{lattice}}=\frac{3N\hbar\omega}{\exp\left(\frac{\hbar\omega}{k_BT}\right)-1}\to 0$$

となり、内部エネルギーの温度依存性はなくなり比熱は 0 となる。

> **演習 4-4**　アインシュタインモデルに従う格子比熱において、高温領域、すなわち、$k_BT >> \hbar\omega$ を満足する領域での比熱を近似的に求めよ。

解）　この領域では $\hbar\omega / k_BT << 1$ となる。したがって

$$e^x=\exp(x)=1+x+\frac{1}{2!}x^2+\frac{1}{3!}x^3+\ldots$$

において 2 次以降の項を無視でき

$$\exp\left(\frac{\hbar\omega}{k_B T}\right) \cong 1 + \frac{\hbar\omega}{k_B T} \quad から \quad \exp\left(\frac{\hbar\omega}{k_B T}\right) - 1 \cong \frac{\hbar\omega}{k_B T}$$

となる。したがって

$$U_{\text{lattice}} = \frac{3N\hbar\omega}{\exp\left(\frac{\hbar\omega}{k_B T}\right) - 1} \cong \frac{3N\hbar\omega}{\frac{\hbar\omega}{k_B T}} = 3Nk_B T$$

となる。

ここで、N としてアボガドロ数 N_A を選べば、これは 1 [mol] あたりの内部エネルギーとなるので、モル比熱は

$$C_{\text{lattice}} = \frac{\partial U_{\text{lattice}}}{\partial T} \cong 3N_A k_B$$

となる。

ここで、R を**気体定数** (gas constant) とすると、モル比熱は

$$C_{\text{lattice}} \cong 3N_A k_B = 3R$$

と与えられる。このように、高温域での比熱は一定となる。実は、この結果は、実際の観測値 $3R$ を与える**デューロン・プチの法則** (Dulong-Peti's law) とよい一致を示している。

気体分子運動論によると、ミクロ粒子が、温度 T で有する 1 自由度あたりのエネルギーは $(1/2)k_B T$ であった。これを 3 次元の単振動にあてはめると、x, y, z 方向それぞれ自由度は 2 なので、3 次元での自由度は 6 となり、エネルギーは $3k_B T$ となる。全粒子数が N の場合には、その総エネルギー U は

$$U = 3Nk_B T$$

となる。

したがって、モル比熱は

$$C_{\text{lattice}} = \frac{\partial U_{\text{lattice}}}{\partial T} \cong 3N_A k_B = 3R$$

と与えられる。

実際に多くの金属の高温におけるモル比熱は、金属の種類に関係なく、一定の $3R$ に近い値を示す。

ところで、アインシュタインモデルによると、低温での比熱はゼロとなるが、

実際の固体では、もちろん、低温比熱はゼロではなく、T^3 に比例することが知られている。この違いは何に由来するのであろうか。それを考察してみよう。

4. 2.　格子間相互作用

アインシュタインモデルは、高温領域の比熱をうまく表現できるが、低温側では実験結果と一致しない。これは、格子が独立して振動しており、互いの相互作用がないと仮定しているのが原因である。

高温では、エネルギーの高い（波長の短い）格子振動が主流となり、原子が個々に独立して振動しているとみなすモデルがよい近似となる。一方、低温では、より波長の長い、つまりエネルギーの低い振動も考慮する必要がある。波長の長い格子振動とは、原子が相互に連動して振動する波のことである。

具体的に示すと、アインシュタインモデルは、個々の原子の振動のみを考えているので、a を格子定数とすると、波長 λ が最小の $2a$ の波（つまり波数 $k=\pi/a$）しか考えていないことになる。つまり、振動のエネルギーとしては

$$E=\hbar\omega$$

を単位と考えており、ω は波長が $2a$ の波に対応した角振動数である。

しかし、実際の熱振動においては、格子が連携して振動することが想定される。いわば、ω よりも小さい、あるいは、個々の格子の振動に比べて、よりエネルギーの小さい振動が存在することを意味している。

具体的に模式図として示せば、格子振動としては、図 4-4 に示すような波が存在するのである。アインシュタインモデルの ω は、この中で最も波長の短い場合に相当する。

高温領域であれば、エネルギーの小さい波を無視しても問題ないが、低温では、これら格子が連動して生じる振動を無視できなくなる。アインシュタインモデルが低温ではうまく現象を説明できないのは、波長の長い振動を無視しているためである。

そこで、ここからは、エネルギーの低い、原子が連動して動く波（波長の長い振動）について考えていく。

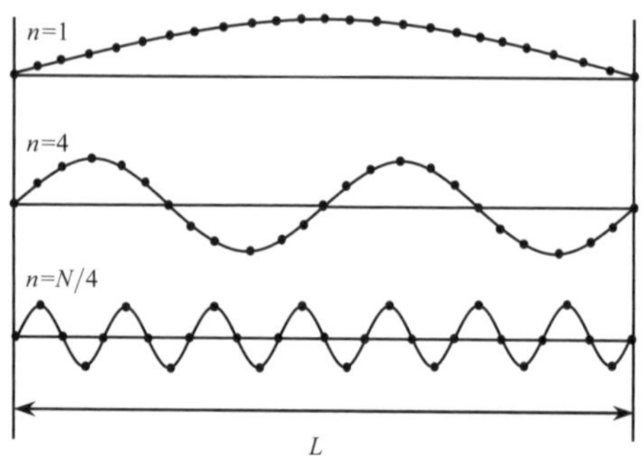

図 4-4　1 辺の長さが L の一次元鎖において可能な格子振動の例。
アインシュタインモデルの ω は、$n = N$ の波の角振動数である。

1 辺の長さが L の立方体からなる固体を考えてみよう。そして、1 辺あたりに存在する原子数を N とする（このとき、立方体中に存在する原子数は N^3 となる）。すると格子定数 a は

$$a = \frac{L}{N}$$

となる（正式には、分母は $N-1$ であるが、ここでは、原子数が大きいとして N としている）。したがって、最も波長の短い波は

$$\lambda = 2a = \frac{2L}{N}$$

となる。この波数は

$$k_w = \frac{2\pi}{\lambda} = \frac{N\pi}{L}$$

となる。アインシュタインモデルでは、この波長の振動だけを考えていることになる。しかし、実際には、1 辺の長さ L の固体の格子振動が定常波として、とりうる波長は

$$\lambda = 2L\ ,\ \frac{2L}{2},\ \frac{2L}{3}, \dots,\ \frac{2L}{n}, \dots,\ \frac{2L}{N}$$

のように多数ある。

そして、もっとも波長の長いものは $2L$ となる。また、可能な波の種類は N 個

となる。これら波に対応する波数 k_w は

$$\frac{\pi}{L},\ \frac{2\pi}{L},\ \frac{3\pi}{L},\dots,\ \frac{N\pi}{L}$$

の N 個となる。

以上をもとに、格子振動のエネルギー E が、どのように表現できるかを考えてみよう。$E=\hbar\omega$ であるから、いま求めた波数に対応した ω が導出できれば、エネルギーを求めることができる。

ここで、一般の波の場合を簡単に復習しておこう。通常の波は、時間的にも空間的にも振動しており、振幅を u_0 として

$$u=u_0\sin(kx-\omega t)$$

と与えられる。

このとき、波数 k は空間的な振動に対応し、ω は時間的な振動に対応する。このとき、kx と ωt は位相と呼ばれ、無次元数となる。

また、量子力学では

$$u=u_0\exp\{i(kx-\omega t)\}$$

という式を採用する。この表式については補遺 4-1 を参照されたい。

一般の波の場合、その速さを v とすると。波数 k と角振動数 ω の間には

$$\omega=vk$$

という関係が成立する。

第3章で扱った光の場合には、光速を c とすると

$$\omega=ck$$

という関係にある。

ただし、第3章では、ω ではなく、振動数 $\nu(=\omega/2\pi)$ を使い、さらに、k ではなく、波長 $\lambda(=2\pi/k)$ を使って

$$\omega=ck \quad\to\quad 2\pi\nu=2\pi\frac{c}{\lambda} \quad\to\quad \nu=\frac{c}{\lambda}$$

から ν を求め、光のエネルギー $E=h\nu$ を計算していることに注意されたい。

一方、固体内の格子振動の場合には、振動する固体の性質を反映して、このような単純な比例関係は、一般には成立しない。このため、固体物性を解析する場合には、ω と k との関係を求める必要があり、**分散関係** (dispersion relation) と呼ばれている。

4.3. デバイ近似

固体内を伝播する格子振動では、ω と k の分散関係は単純な比例関係にはないが、**デバイ** (Peter Debye) は、その速度は音速の c_s で一定として

$$\omega = c_s k$$

という関係にあると仮定した[6]。

このように、波数 k と角振動数 ω が比例関係にあるという仮定を**デバイ近似** (Debye approximation) と呼んでいる。これは、図 4-5 に示した固体の格子振動の分散関係（ω-k 曲線）からわかるように、k が小さい領域、つまり、波長が長い領域ではよい近似となる。

このような分散関係を仮定すると、格子振動のエネルギーは、波数がわかれば

$$E_1 = \hbar\omega_1 = \hbar c_s k_1 = \frac{\pi\hbar c_s}{L}$$

と与えられる。以下同様に

$$E_2 = \frac{2\pi\hbar c_s}{L}\ , \ldots,\ E_n = \frac{n\pi\hbar c_s}{L}\ , \ldots,\ E_{\max} = \frac{N\pi\hbar c_s}{L}$$

となる。ただし、n は正の整数であり、n は 1 から N までの値をとることができる。この結果をみると、エネルギーは n だけに依存している。

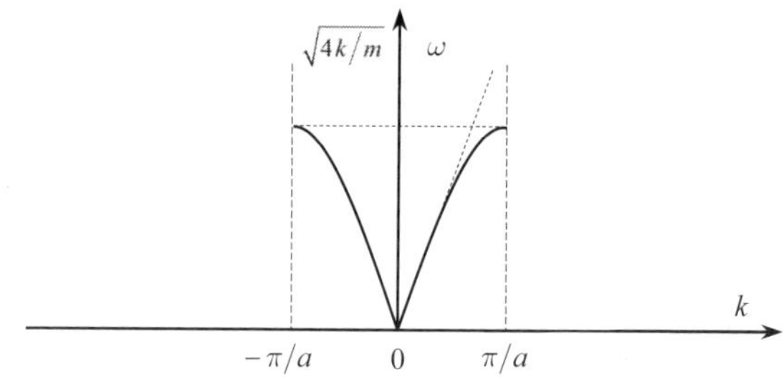

図 4-5 格子定数が a で、同一原子からなる 1 次元鎖の ωと k の分散関係。k が小さい領域では比例関係が成立する。

[6] 固体内の音速 c_s は、空気中の音速の 340 [m/s] よりもはるかに大きいことが知られている。たとえば、鉄では 5000 [m/s] 程度である。

これらのエネルギーは、プランク定数 h を使えば

$$E_1 = \frac{hc_s}{2L}\ ,\ E_2 = \frac{2hc_s}{2L}\ , \dots,\ E_{\max} = \frac{Nhc_s}{2L}$$

となる。

このとき、$E_{\max}$ がアインシュタインモデルの格子振動のエネルギーであり、それより小さいエネルギーは、格子が連動して振動する場合のエネルギーとなる。

以上の取り扱いは、1次元における格子振動である。実際の格子振動は、3次元空間で生じるので、波数 k を3次元空間の波へ拡張することが必要となる。ここで、波数が k の波は、1次元では、$\sin kx$ となるが、すでに紹介したように、量子力学では

$$\exp(ikx)$$

という表現を使う。

3次元の場合には、波数 k は3次元のベクトルとなり

$$\vec{k} = (k_x \quad k_y \quad k_z)$$

となる。このとき、位置ベクトルを

$$\vec{r} = (x \quad y \quad z)$$

と置くと、3次元の波は

$$\exp(i\vec{k} \cdot \vec{r})$$

と与えられる。成分で書けば

$$\exp\{i(k_x x + k_y y + k_z z)\}$$

となる。

演習 4-5　1次元の波である $\exp(ikx)$ を3次元の $\exp(i\vec{k} \cdot \vec{r})$ に拡張し、1辺が L の立方体に N^3 個の格子点がある場合の格子振動のエネルギーの表式を求めよ。

解)　3次元の格子振動の波数は

$$\vec{k} = (k_x \quad k_y \quad k_z) \qquad k = \left|\vec{k}\right| = \sqrt{k_x{}^2 + k_y{}^2 + k_z{}^2}$$

となる。

1 次元の波数は

$$k_1 = \frac{\pi}{L}\ ,\ k_2 = \frac{2\pi}{L}\ ,\ k_3 = \frac{3\pi}{L}\ , \dots ,\ k_n = \frac{n\pi}{L}\ , \dots$$

であった。

これを 3 次元の波に拡張すると

$$k_{nx} = \frac{n_x \pi}{L}\ ,\ k_{ny} = \frac{n_y \pi}{L}\ ,\ k_{nz} = \frac{n_z \pi}{L}$$

として

$$\vec{\boldsymbol{k}}_n = \begin{pmatrix} k_{nx} \\ k_{ny} \\ k_{nz} \end{pmatrix} = \frac{\pi}{L} \begin{pmatrix} n_x \\ n_y \\ n_z \end{pmatrix}$$

という波数ベクトルを考えればよい。ただし、n_x, n_y, n_z は、正の整数であり、それぞれ 1 から N までの値をとることができる。

すると、その大きさは

$$k_n = \left| \vec{\boldsymbol{k}}_n \right| = \frac{\pi}{L} \sqrt{{n_x}^2 + {n_y}^2 + {n_z}^2}$$

となる。

分散関係 $\omega = c_s k$ を使うと、エネルギーは

$$E = \hbar\omega = \hbar c_s k$$

と与えられるので

$$E_n = \frac{\pi \hbar c_s}{L} \sqrt{{n_x}^2 + {n_y}^2 + {n_z}^2} \ = n \frac{\pi \hbar c_s}{L}$$

となる。ただし $n = \sqrt{{n_x}^2 + {n_y}^2 + {n_z}^2}$ と置いている。

よって、格子振動に対応した点は図 4-6 に示すような離散的な分布をとることになる。

以上から、3 次元の格子振動に対応したエネルギーの表式を得ることができた。後は、それを積算して分配関数のエネルギー項に付加すればよいことになる。このためには、まず可能な (n_x, n_y, n_z) の組合せを求める必要がある。

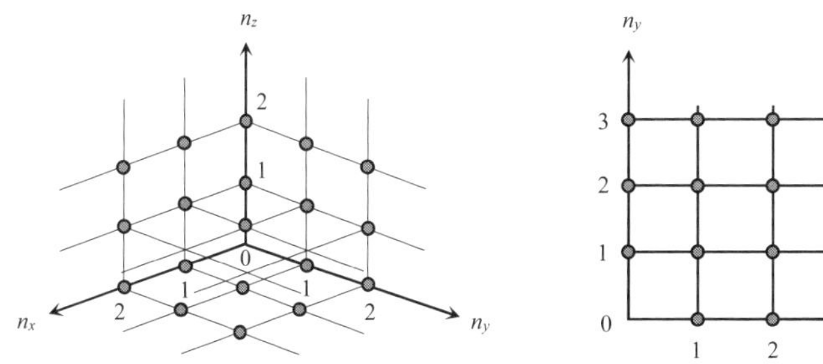

図 4-6　格子振動を指定するための n 空間。格子振動は座標が整数からなる格子点によって指定できる。右図には n 平面における格子点の様子を示している。

4.4.　格子振動と格子点

ここで、成分 (n_x, n_y, n_z) を座標とする n 空間というものを想定してみよう。すると、図 4-6 に示すように、可能な格子振動は、この空間の整数格子点によって表現でき、座標

$$n = \sqrt{{n_x}^2 + {n_y}^2 + {n_z}^2}$$

がわかれば、エネルギーも

$$E_n = n\frac{\pi \hbar c_s}{L}$$

と指定できることになる。また、対象とする空間としては、n_x, n_y, n_z がすべて正の領域となる。

この空間において、エネルギーが E_n となるのは、図 4-7 に示すように、半径が n の球面上の格子点である。ただし、n_x, n_y, n_z は整数となる。

ここで、格子振動に対応した点の数 $D(E_n)$ 、つまりエネルギー状態密度はどうなるであろうか。当然、n が大きくなれば、n 空間における半径も大きくなるので、格子点の数も増えていく。

ただし、$D(E_n)$ を求める際には、n と $n + dn$ の範囲を考え、この範囲内にある格子点の数が $D(E_n)\,dn$ になるということから、状態密度を求めるのであった。

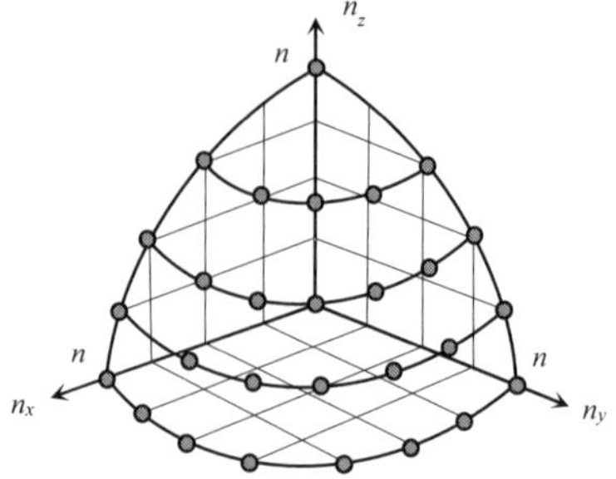

図 4-7　n 空間の 1/8 球の球面と、その上に位置する格子点。この図では、格子点間を大きく取っているが、実際の空間では、この面上に無数の格子点が位置することになる。

ここで、$D(n)\,(=D(E_n))$ を求めるために、運動量空間で考えた状態密度の導出方法を援用する。まず、半径が n の 1/8 球に含まれる格子点の数 $G(n)$ を求める。格子点 1 個あたりの体積は 1×1×1 であるから、結局、n 空間での体積/1 が格子点の数になる。よって

$$G(n)=\frac{4\pi}{3}n^3\times\frac{1}{8}=\frac{\pi}{6}n^3$$

となる。

演習 4-6　格子振動の n 空間における密度 $D(n)$ が、n と $n+dn$ の範囲にある格子振動の個数であることをもとに $D(n)$ を求めよ。

解）　0 から $n+dn$ の範囲にある格子振動の個数 $G(n)$ は

$$G(n+dn)=\frac{\pi}{6}(n+dn)^3=\frac{\pi}{6}\left\{n^3+3n^2dn+3n(dn)^2+(dn)^3\right\}$$

したがって

$$G(n+dn)-G(n)=\frac{\pi}{6}\left\{3n^2dn+3n(dn)^2+(dn)^3\right\}$$

ここで、dn が微小量とすると、高次の項は無視できるので

$$G(n+dn)-G(n)=\frac{\pi}{2}n^2dn$$

となる。

これは、微分の定義

$$\lim_{dn \to 0} \frac{G(n+dn)-G(n)}{dn} = \frac{dG(n)}{dn} = \frac{\pi}{2}n^2$$

からもわかる。よって

$$D(n) = \frac{dG(n)}{dn} = \frac{\pi}{2}n^2$$

となる。

これで、格子振動のエネルギーならびにエネルギー密度を求めることができたので分配関数を求めることができる。ただし、われわれが求めるのは比熱である。したがって、内部エネルギーを計算できればよい。そこで、ここでは、分配関数ではなく、内部エネルギーを求める式を導出する。

4. 5.　格子振動のエネルギー

まず、4. 1. 節で示したように、角振動数 ω の格子振動に対応したエネルギー $E = \hbar\omega$ の分布は

$$\frac{1}{\exp\left(\dfrac{\hbar\omega}{k_B T}\right)-1} = \frac{1}{\exp\left(\dfrac{E}{k_B T}\right)-1}$$

というプランク分布関数によって与えられるのであった。したがって

$$\frac{E}{\exp\left(\dfrac{E}{k_B T}\right)-1}$$

を積算すれば、格子振動に対応したエネルギーを求めることができることになる。

ここでは、この和を n に関する積分とし、エネルギー密度に相当する $D(n)$ を乗じて

$$U = \int_0^{+\infty} \frac{D(n)E_n}{\exp\left(\dfrac{E_n}{k_B T}\right)-1} dn$$

という積分とすればよい。

ただし、固体内の原子数は有限であるため、数 n に最大値 $n_{\max}$ が存在する。

固体内の原子の総数は N^3 であるので、$n_{\max}$ は

$$G(n_{\max}) = \frac{\pi}{6} n_{\max}{}^3 = N^3$$

という関係から

$$n_{\max} = \sqrt[3]{\frac{6}{\pi}} N$$

と与えられる。

よって、内部エネルギーは

$$U = \int_0^{n_{\max}} \frac{D(n) E_n}{\exp\left(\dfrac{E_n}{k_B T}\right) - 1} dn$$

となる。

このとき、それぞれの変数は

$$E_n = n \frac{\pi \hbar c_s}{L} \ , \ \ D(n) = \frac{\pi}{2} n^2 \ \ , \ \ n_{\max} = \sqrt[3]{\frac{6}{\pi}} N$$

となる。

実は、内部エネルギー U に関しては、さらに修正が必要になる。3 次元空間の振動では、図 4-8 に示すように、振動方向に 3 個の自由度がある。つまり、同じ n に対応して 3 種類の振動モードが存在するのである。

よって、3 次元の格子振動に対応した内部エネルギーは

$$U = 3\int_0^{n_{\max}} \frac{E_n D(n)}{\exp\left(\dfrac{E_n}{k_B T}\right) - 1} dn = \frac{3\pi}{2} \int_0^{n_{\max}} \frac{E_n n^2}{\exp\left(\dfrac{E_n}{k_B T}\right) - 1} dn$$

$$= \frac{3\pi}{2} \frac{\pi \hbar c_s}{L} \int_0^{n_{\max}} \frac{n^3}{\exp\left(\dfrac{\pi \hbar c_s}{L k_B T} n\right) - 1} dn$$

となる。

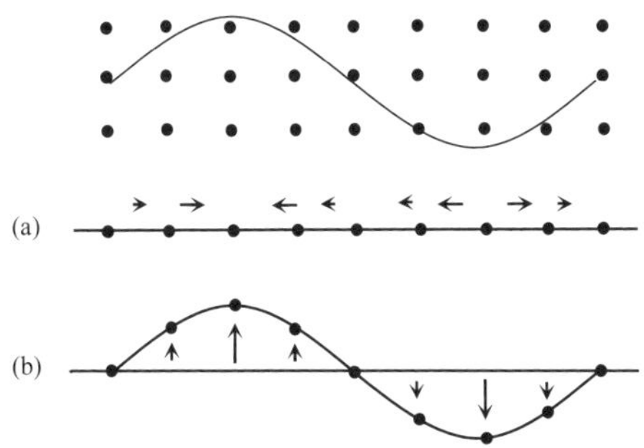

図 4-8　同じ n に対応した 3 種類の波。格子中を伝播する波としては、(a) の縦波と (b) の横波がある。さらに (b) の横波では紙面に垂直方向の振動も考えられるため、全部で 3 種類の波となる。(a) を音響モード、(b) を光学モードと呼んでいる。

演習 4-7　つぎのような変数変換

$$x = \frac{\pi \hbar c_s}{L k_B T} n$$

を行い、U の積分を変数 n から x に変換せよ。

解）

$$dx = \frac{\pi \hbar c_s}{L k_B T} dn \quad \text{から} \quad dn = \frac{L k_B T}{\pi \hbar c_s} dx \quad \text{また} \quad n^3 = \left(\frac{L k_B T}{\pi \hbar c_s} \right)^3 x^3$$

となるので

$$U = \frac{3\pi}{2} \frac{\pi \hbar c_s}{L} \left(\frac{L k_B T}{\pi \hbar c_s} \right)^4 \int_0^{\frac{\pi \hbar c_s}{L k_B T} n_{\max}} \frac{x^3}{e^x - 1} dx$$

整理して

$$U = \frac{3\pi}{2} k_B T \left(\frac{L k_B T}{\pi \hbar c_s} \right)^3 \int_0^{\frac{\pi \hbar c_s}{L k_B T} n_{\max}} \frac{x^3}{e^x - 1} dx$$

となる。

さらに

$$T_{\mathrm{D}} = \frac{\pi \hbar c_s}{L k_{\mathrm{B}}} n_{\max}$$

と置いてみよう。T_{D} は**デバイ温度** (Debye temperature) と呼ばれ、物質の特性を示すパラメーターである。

$$k_{\mathrm{B}} T_{\mathrm{D}} = \frac{\pi \hbar c_s}{L} n_{\max} = n_{\max} \hbar \omega = \hbar \omega_{\max}$$

という関係にあり、もっとも高い角振動数に対応した温度となる。

すると

$$n_{\max} = \sqrt[3]{\frac{6}{\pi}} N$$

であるから

$$T_{\mathrm{D}} = \frac{\pi \hbar c_s}{k_{\mathrm{B}}} \frac{N}{L} \sqrt[3]{\frac{6}{\pi}}$$

となる。このとき

$$U = 9 N^3 k_{\mathrm{B}} T \left(\frac{T}{T_{\mathrm{D}}} \right)^3 \int_0^{T_{\mathrm{D}}/T} \frac{x^3}{e^x - 1} dx$$

と変形できる。

したがって、関数 $y = x^3/(e^x - 1)$ の 0 から T_{D}/T までの範囲で積分できれば、U が求められることになる。ちなみに、このグラフは図 4-9 のようになる。

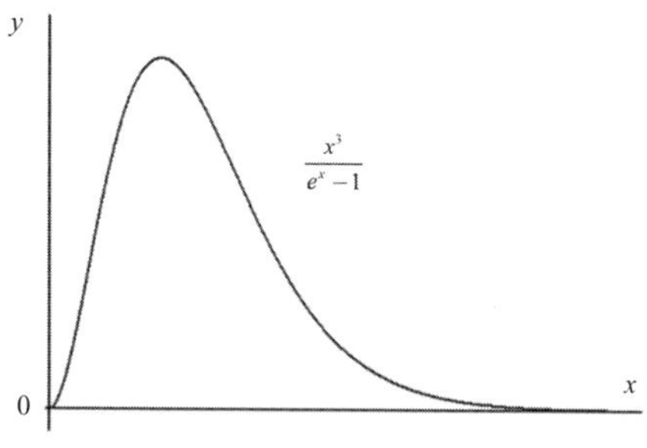

図 4-9 $y = x^3/(e^x - 1)$ のグラフ

実は、この関数は、任意の x の値に対して簡単に積分できない。よって、積分できるように工夫する必要がある。まず、被積分関数を、級数展開を利用して変形してみよう。すると

$$e^x = 1 + x + \frac{x^2}{2} + \frac{x^3}{6} + \frac{x^4}{24} + ...$$

より

$$e^x - 1 = x + \frac{x^2}{2} + \frac{x^3}{6} + \frac{x^4}{24} + ...$$

であるので

$$\frac{x^3}{e^x - 1} = \frac{x^3}{x + (x^2/2) + (x^3/6) + ...} = \frac{x^2}{1 + (x/2) + (x^2/6) + ...}$$

となる。

演習 4-8　以下のように

$$\frac{x^3}{e^x - 1} = \frac{x^2}{1 + (x/2) + (x^2/6) + ...} = ax^2 + bx^3 + cx^4 + ...$$

とおいて、左辺をべき級数に展開せよ。ただし、3 項までとする。

解）　両辺に、級数

$$1 + \frac{x}{2} + \frac{x^2}{6} + \frac{x^3}{24} + \dots$$

を乗じると

$$(ax^2 + bx^3 + cx^4 + ...)\left(1 + \frac{x}{2} + \frac{x^2}{6} + \frac{x^3}{24} + ...\right) = x^2$$

となる。

ここで、この等式が成立するように係数 a, b, c を求める。

$$ax^2 = x^2 \qquad \frac{a}{2}x^3 + bx^3 = 0 \qquad \frac{a}{6}x^4 + \frac{b}{2}x^4 + cx^4 = 0 \quad ...$$

すると

$$a = 1,\ \ b = -\frac{1}{2},\ \ c = \frac{1}{12}$$

となり

$$\frac{x^3}{e^x-1}\cong x^2-\frac{x^3}{2}+\frac{x^4}{12}$$

となる。

演習の結果を使うと

$$\int_0^t \frac{x^3}{e^x-1}dx \cong \frac{t^3}{3}-\frac{t^4}{8}+\frac{t^5}{60}$$

と積分できるので

$$U=9N^3k_BT\left(\frac{T}{T_D}\right)^3\left\{\frac{1}{3}\left(\frac{T_D}{T}\right)^3-\frac{1}{8}\left(\frac{T_D}{T}\right)^4+\frac{1}{60}\left(\frac{T_D}{T}\right)^5\right\}$$

$$=9N^3k_BT\left\{\frac{1}{3}-\frac{1}{8}\left(\frac{T_D}{T}\right)+\frac{1}{60}\left(\frac{T_D}{T}\right)^2\right\}$$

となる。

ここで、高温においては $T>>T_D$ であるので、$T_D/T<<1$ となるから、これらの項を無視すると

$$U\cong 3N^3k_BT$$

よって、格子比熱は

$$C_{\text{lattice}}=\frac{\partial U}{\partial T}\cong 3N^3k_B$$

となる。ここで、N^3 を固体 1 [mol] の原子数、すなわち 6×10^{23} とすれば

$$C_{\text{lattice}}=3N^3k_B=3R$$

となり、デバイの手法を使っても、高温での比熱が $3R$ となり、実際の観測値 $3R$ を与えるデューロン・プチの法則とよい一致を示すことがわかる。

4. 6. 低温域の比熱

それでは、アインシュタインモデルでは、うまく再現できなかった低温領域ではどうなるであろうか。極低温では

$$T << T_{\mathrm{D}}$$

であるので

$$T_{\mathrm{D}} / T >> 1$$

となる。

よって、いまの級数展開では、高次の項を無視できないことになる。一方 $T_{\mathrm{D}} / T >> 1$ なので

$$\int_0^{T_{\mathrm{D}}/T} \frac{x^3}{e^x - 1} dx \quad \rightarrow \quad \int_0^{\infty} \frac{x^3}{e^x - 1} dx$$

と置くことができる。

図 4-9 に示したように、このグラフは x の増加とともに増加して、最大値をとった後に急に減衰するから、この近似は問題ない。

この積分は

$$\int_0^{\infty} \frac{x^3}{e^x - 1} dx = \frac{\pi^4}{15}$$

と与えられる（補遺 3-2 参照）。

よって

$$U = 9N^3 k_{\mathrm{B}} T \left(\frac{T}{T_{\mathrm{D}}} \right)^3 \int_0^{T_{\mathrm{D}}/T} \frac{x^3}{e^x - 1} dx \cong \frac{3\pi^4}{5} N^3 k_{\mathrm{B}} T \left(\frac{T}{T_{\mathrm{D}}} \right)^3$$

となり

$$C_{\mathrm{lattice}} = \frac{\partial U}{\partial T} \cong \left(\frac{12\pi^4}{5} \frac{N^3 k_{\mathrm{B}}}{{T_{\mathrm{D}}}^3} \right) T^3$$

となって、比熱が T^3 に比例するという結果が得られるのである。

この温度依存性は、アインシュタインモデルではうまくいかなかった低温における比熱の温度依存性、すなわち T^3 則をよく再現しており、**デバイの比熱式** (Debye model for specific heat) と呼んでいる。

補遺 4-1　量子力学における波の表現

量子力学 (quantum mechanics) では、ミクロ粒子が有する波の性質を表現するとき、時間的な振動に対しては

$$e^{i\omega t} = \exp(i\omega t)$$

という表現を使う。

i は**虚数** (imaginary number) である。ω は角振動数であり、その単位は [rad/s]、t は時間であり単位は [s] であるので、ωt の単位は [rad] となり**無次元** (dimensionless) となる。

また、空間的な振動に対しては

$$e^{ikx} = \exp(ikx)$$

という表現を使う。

このとき、k は波数であり単位は $[\mathrm{m}^{-1}]$ 、x は位置であり単位は [m] であるので、kx も無次元となる。第 1 章で紹介したように、指数 e のべきの単位は無次元でなければならない。

また、時間的かつ空間的に振動している場合には、ϕ_0 を振幅として

$$\phi(x,t) = \phi_0\, e^{i(kx-\omega t)} = \phi_0 \exp\left\{i(kx-\omega t)\right\}$$

という表現を使う。一般的な波の場合には

$\sin(kx-\omega t)$　ならびに　$\cos(kx-\omega t)$

という表式も使う。

このとき、指数 e による表式が便利であるのは

$$\exp\left\{i(kx-\omega t)\right\} = \exp(ikx)\exp(-i\omega t)$$

のように、変数分離が可能となるからである。三角関数では、このような分離が

できない。

ところで、これら量子力学における波の表現の基本は、つぎに示す**オイラーの公式** (Euler's formula)

$$e^{ix} = \exp(ix) = \cos x + i\sin x$$

である。

つまり、$\exp(ix)$ は、$\cos x$ と $\sin x$ という波を表現することが可能となるのである。

A4. 1. オイラーの公式の導出

ここで、オイラーの公式の導出方法を紹介しておこう。e^x, $\sin x$, $\cos x$ のべき級数展開の式を並べて示すと

$$\exp x = 1 + x + \frac{1}{2!}x^2 + \frac{1}{3!}x^3 + \frac{1}{4!}x^4 + \frac{1}{5!}x^5 + ... + \frac{1}{n!}x^n + ...$$

$$\sin x = x - \frac{1}{3!}x^3 + \frac{1}{5!}x^5 - \frac{1}{7!}x^7 + ... + (-1)^n \frac{1}{(2n+1)!}x^{2n+1} + ...$$

$$\cos x = 1 - \frac{1}{2!}x^2 + \frac{1}{4!}x^4 - \frac{1}{6!}x^6 + ... + (-1)^n \frac{1}{(2n)!}x^{2n} + ...$$

となる。

これら展開式を見ると、 e^x は $\sin x$, $\cos x$ のべき級数展開に登場する項をすべて含んでいることがわかる。実は、虚数 i を使うと、この三者が見事に関係づけられるのである。

指数関数の展開式に $x = ix$ を代入してみよう。

すると

$$\exp(ix) = 1 + ix + \frac{1}{2!}(ix)^2 + \frac{1}{3!}(ix)^3 + \frac{1}{4!}(ix)^4 + \frac{1}{5!}(ix)^5 + ... + \frac{1}{n!}(ix)^n + ...$$

$$= 1 + ix - \frac{1}{2!}x^2 - \frac{i}{3!}x^3 + \frac{1}{4!}x^4 + \frac{i}{5!}x^5 - \frac{1}{6!}x^6 - \frac{i}{7!}x^7 + ...$$

と計算できる。

この**実数部** (real part) と**虚数部** (imaginary part) を取り出すと、実数部は

$$1-\frac{1}{2!}x^2+\frac{1}{4!}x^4-\frac{1}{6!}x^6+...+(-1)^n\frac{1}{(2n)!}x^{2n}+...$$

であるから、まさに $\cos x$ の展開式となっている。一方、虚数部は

$$x-\frac{1}{3!}x^3+\frac{1}{5!}x^5-\frac{1}{7!}x^7+...+(-1)^n\frac{1}{(2n+1)!}x^{2n+1}+...$$

となっており、まさに $\sin x$ の展開式である。

よって

$$e^{ix}=\exp(ix)=\cos x+i\sin x$$

という関係が成立することがわかる。

x に $-x$ を代入すれば

$$e^{-ix}=\exp(-ix)=\cos x-i\sin x$$

という関係も得られる。

ところで、$\exp(ix)$ は複素数であるが、物理的実態の波は実数である。この点に関して、多くの初学者が疑問を抱くようである。

つまり波数 k の波を $\exp(ikx)$ と表記することに対する違和感であろうか。しかも、量子力学では、何の断りもなく、この式が電子波の表現として登場することが多い。

まず、波動方程式などの微分方程式を解法したときに、一般解として

$$\exp(ikx)=\cos kx+i\sin kx$$

を含む解が得られたとしよう。

実は、このとき、$\cos kx$ も $\sin kx$ も微分方程式の解となる。あとは、初期条件や境界条件を付与することで、実数解が得られるのである。

さらに、オイラーの公式から

$$\exp(ikx)=\cos kx+i\sin kx$$

$$\exp(-ikx)=\cos kx-i\sin kx$$

という関係が得られるが、両式を足すと

$$\cos kx=\frac{\exp(ikx)+\exp(-ikx)}{2}$$

という関係が得られる。

同様に

$$\sin kx = \frac{\exp(ikx) - \exp(-ikx)}{2i}$$

となって、$\exp(ikx)$ をもとに、実数の $\cos kx$ ならびに $\sin kx$ を得ることができる。実数解が欲しい場合には、以上の関係を利用することもできるのである。

A4. 2.　複素平面と極形式

オイラーの公式は**複素平面** (complex plane) に図示してみると、その幾何学的意味がよくわかる。そこで、その下準備として複素平面と**極形式** (polar form) について復習してみる。

複素平面は、x 軸が**実数軸** (real axis)、y 軸が**虚数軸** (imaginary axis) の平面である。実数は、**数直線** (real number line) と呼ばれる 1 本の線で、すべての数を表現できるのに対し、複素数を表現するためには、2 次元平面が必要となる。このとき、複素数を表現する方法として極形式と呼ばれる方法がある。これは、すべての複素数は

$$z = a + bi = r(\cos\theta + i\sin\theta)$$

で与えられるというものである（図 A4-1 参照)。

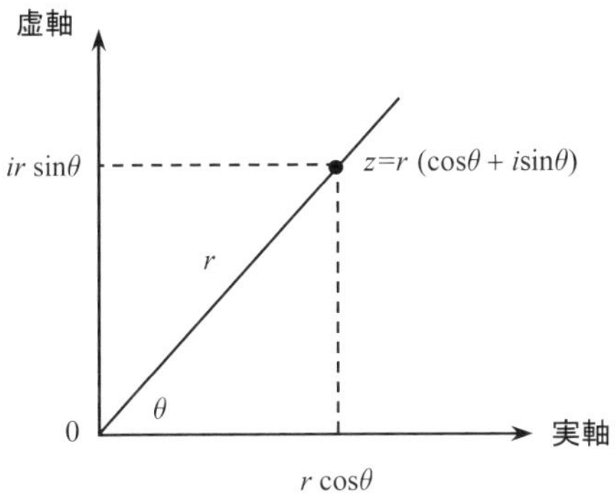

図 A4-1　複素平面における極形式

ここで θ は、実数軸の正の部分となす角度であり**偏角** (argument) と呼ばれて

いる。また、r は原点からの**距離** (modulus) で、常に $r \geq 0$ であり

$$r = |z| = \sqrt{a^2 + b^2}$$

という関係にある。

ここで、極形式のかっこ内を見ると、オイラーの公式であることがわかる。つまり

$$z = r(\cos\theta + i\sin\theta) = r\exp(i\theta)$$

と書くこともできる。

そして、すべての複素数が、この形式で表現できるのである。ここで、オイラーの公式 $\exp(i\theta)$ は、$r=1$ の極形式であるが、図 A4-2 に示したように、複素平面における半径 1 の円（**単位円** : unit circle と呼ぶ）となる。

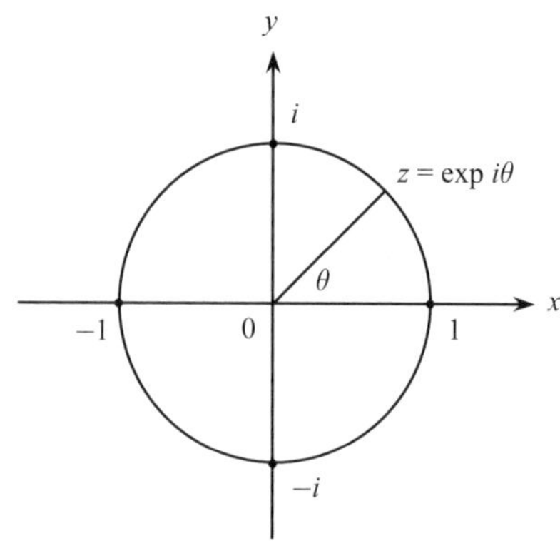

図 A4-2　$z = \exp(i\theta)$ を複素平面に図示すると、半径 1 の円となる。このとき θ を増加させる操作は、この円に沿って反時計まわりに回転する運動となる。

このとき、θ を増やすという操作は、単位円に沿った反時計まわりの回転に対応している。

そして、図 A4-3 に示すように、$\exp(i\theta)$ の実数部は $\cos\theta$ の波に対応している。また、虚数部は $\sin\theta$ の波に対応しており、波の性質を表現するのに非常に便利な数学的表現となっているのである。

さらに $\exp(i\theta)$ には重要な性質がある。それは

$$|\exp(i\theta)| = 1$$

というように、その大きさが 1 という事実である。よって、$\exp(i\theta)$ を乗ずれば物理量の大きさを変えずに、波の性質を付与することができる。つまり、簡単に物質波がつくれる。これが、量子力学で重用される理由である。

また、波に対応させる場合には、θ のことを偏角ではなく**位相** (phase) と呼んでいる。図 A4-3 における単位円の偏角 θ と、波としての $\sin\theta$ の対応を見れば、θ が波の位相となることがわかる。

よって、$\exp(ikx)$ においては、kx が波の位相となり、$\exp(i\omega t)$ においては、ωt が波の位相となる。そして、冒頭で紹介したように、いずれも無次元である。

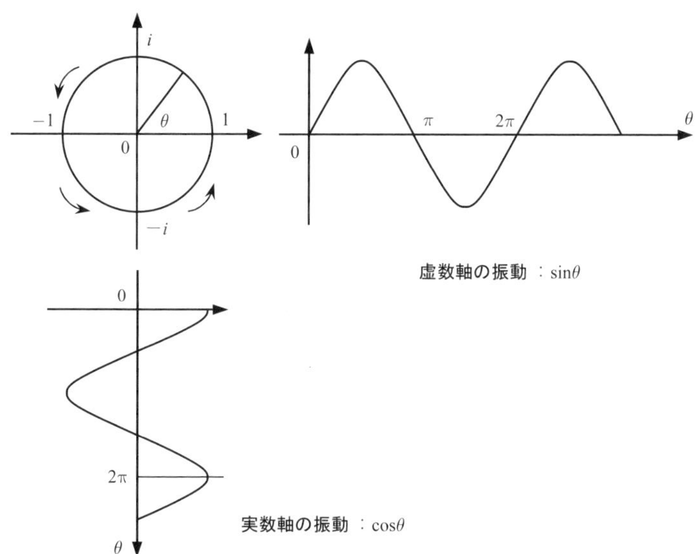

図 A4-3　$\exp(i\theta)$ において、θ の増加 は実数軸からみると $\cos\theta$ の振動を、虚数軸からみると $\sin\theta$ の振動を与える。

A4. 3. 波数 k と角振動数 ω

量子力学では、波数 k は運動量

$$p = \hbar k$$

に対応し、角振動数 ω はエネルギー

$$E = \hbar\omega$$

に対応している。そして、h をプランク定数として $\hbar\,(=h/2\pi)$ が比例定数となる。つまり、分散関係の ω–k はエネルギー E と運動量 p の対応と考えることもできるのである。

ところで、量子力学の**不確定性原理** (uncertainty principle) では

$$\Delta p \Delta x \geq \frac{\hbar}{2} \qquad \Delta E \Delta t \geq \frac{\hbar}{2}$$

という関係にある。これらの式は

$$\Delta k \Delta x \geq \frac{1}{2} \qquad \Delta \omega \Delta t \geq \frac{1}{2}$$

と表記することもできる。

このように、kx と ωt は相似な関係にあり、量子力学において、中心的な変数である。

ところで、光の場合には、c を光速として

$$\omega = ck$$

という分散関係にある。

ただし、真空ではなく、媒質中では c は定数ではなく、ω によって変化する。このとき

$$\omega = c(\omega)\, k$$

となり、ω が大きいほど光速 c は小さくなる。

この特性を利用して、プリズムによって太陽光を 7 色に分光することができる。この現象を分散と呼んでいるが、ω–k を**分散関係** (dispersion relation) と呼ぶのは、この光の分光に由来している。

A4. 4.　3 次元への拡張

格子振動は 3 次元の固体で生じる。kx は、x 方向に進む波数 k の 1 次元振動に対応しているが、これを 3 次元空間の格子振動に拡張する必要がある。

ここで、E と ω はスカラーであるが、3 次元空間では p と k はベクトルとなる。このとき、1 次元から 3 次元への拡張は

$$kx \quad \rightarrow \quad \vec{\boldsymbol{k}} \cdot \vec{\boldsymbol{r}} = (k_x \quad k_y \quad k_z) \begin{pmatrix} x \\ y \\ z \end{pmatrix} = k_x x + k_y y + k_z z$$

となり波数ベクトルと位置ベクトルの内積が位相となる。このとき

$$\vec{\boldsymbol{k}} = (k_x \quad k_y \quad k_z)$$

は波数ベクトルと呼ばれ

$$\vec{\boldsymbol{p}} = (p_x \quad p_y \quad p_z) = \hbar\vec{\boldsymbol{k}} = (\hbar k_x \quad \hbar k_y \quad \hbar k_z)$$

のように、運動量ベクトルに対応している。

また、3 次元における格子振動は ϕ_0 を振幅として

$$\phi(\vec{\boldsymbol{r}}, t) = \phi_0 \exp\left\{ i(\vec{\boldsymbol{k}} \cdot \vec{\boldsymbol{r}} - \omega t) \right\}$$

と与えられる。

$$\sin(\vec{\boldsymbol{k}} \cdot \vec{\boldsymbol{r}} - \omega t) \quad \text{あるいは} \quad \cos(\vec{\boldsymbol{k}} \cdot \vec{\boldsymbol{r}} - \omega t)$$

という表式を使ってもよい。

実は、3 次元では、$\exp i(\vec{\boldsymbol{k}} \cdot \vec{\boldsymbol{r}})$ は**平面波** (plane wave) と呼ばれる波となる。このとき

$$\vec{\boldsymbol{k}} \cdot \vec{\boldsymbol{r}} = k_x x + k_y y + k_z z$$

が波の位相である。波の位相が等しいとは、その高低が一致した波のことである。ここで、簡単化のために、3 次元空間において、x 方向に進行している波を考えよう。このとき、波数ベクトルは

$$\vec{k} = (k_x \quad 0 \quad 0)$$

と置くことができる。

　また、任意の位置ベクトルを

$$\vec{r} = (x \quad y \quad z)$$

と置くと

$$\vec{k} \cdot \vec{r} = (k_x \quad 0 \quad 0) \begin{pmatrix} x \\ y \\ z \end{pmatrix} = k_x x$$

となる。この結果を見ると、x 座標さえ指定すれば、任意の y, z に対して波の位相が等しくなることを意味している。これは、図 A4-4 に示すように、位相が等しい面となる。そして、これが平面波の名の由来である。

　この関係は、一般の波数ベクトル $\vec{k} = (k_x \quad k_y \quad k_z)$ に対しても成立し、波数ベクトルに垂直な面では、波の位相が等しくなる。

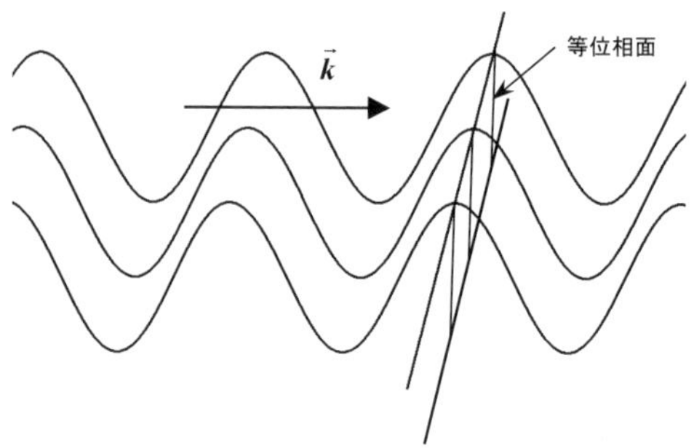

図 A4-4　平面波の模式図

　数式上は、この平面の大きさは無限大でも構わないが、実際の物理現象では、固体の大きさや境界条件によって制限が課されることになる。

第5章　相互作用のある系

いままで対象とした系では、基本的には粒子間に相互作用がないものとして解析を行ってきた。一方、統計力学においては、粒子間の相互作用を無視できない対象を扱うことも多い。

その場合は、どうすればよいのであろうか。実は、対処方法はそれほど難しくない。相互作用エネルギーを E_{int} として、ボルツマン因子のエネルギー項に

$$\exp\left(-\frac{E_0+E_{\mathrm{int}}}{k_{\mathrm{B}}T}\right)=e^{-\frac{E_0+E_{\mathrm{int}}}{k_{\mathrm{B}}T}}$$

のように付加すればよいのである。

つまり、相互作用のない粒子系で得られるエネルギー E_0 に、相互作用エネルギーの項 E_{int} を付け加えればよいのである。こう書くと簡単そうに思えるが、実際には、この相互作用の部分が難敵なのである。

そこで、相互作用が、隣接する粒子間だけに働くと仮定する。1 次元であれば、隣接する粒子は 2 個しかないので取り扱いは容易となる。ただし、2 次元では、その数は 4 個に増える。これを**配位数** (coordinate number) と呼んでいる。そして、われわれが住んでいる 3 次元空間では、構造が最も簡単な**単純立方格子** (simple cubic lattice) の場合でも、配位数は 6 となる。**体心立方格子** (body-centered cubic : bcc) では 8、**面心立方格子** (face-centered cubic : fcc) では 12 となり、その影響を取り入れるだけで、かなり複雑な計算が必要となる。

このため、相互作用のある系を取り扱う場合には、まず、1 次元の系に注目して、その影響を探るのが常套手段となっている。

本章では、相互作用としてよく知られている磁性に着目するが、基本として 1 次元の系を考える。そのうえで、相互作用のない場合を扱い、そこに、相互作用の影響を取り入れたら、どのような変化があるかを解析していく。

5.1. 相互作用のない場合

電子にはスピン (spin) と呼ばれる磁性が内在している。このスピンの存在によって、いろいろな物質の磁気的性質を説明することができる。ただし、スピンの本質は、いまだによくわかっていない。スピンという名がついているのは、電子が自転しており、それによって磁気モーメントが生じているという類推からである。ただし、電子の大きさ程度の自転では、観測される磁気モーメントは発生できないこともわかっており、現代物理の謎である。ただし、スピンの存在を仮定することによって多くの実験結果をうまく説明できることや、物質の磁性の理解にはスピンという概念が非常に有効であるため、重要な物理量として重宝されている。

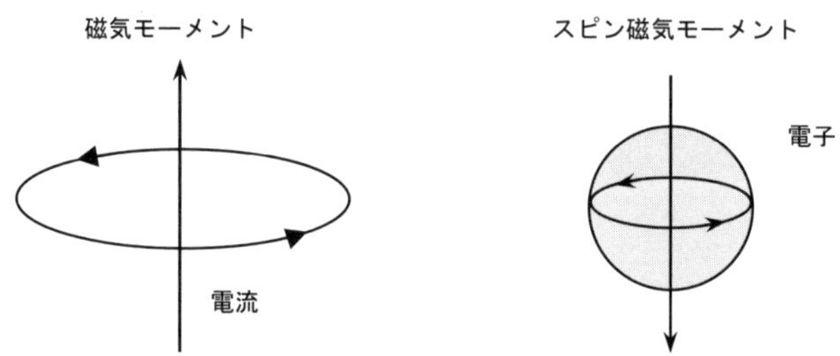

図 5-1 反時計まわりに電流が流れる閉ループに発生する磁気モーメントと電子の自転により発生する磁気モーメント。電流は正の電荷の流れである。よって負の電荷の電子が反時計まわりに自転した場合には、磁気モーメントの向きは電流の場合と逆となり、下向きスピンとなる。しかし、これは、あくまでも古典的な描像に沿ったものであり、教科書によっては、上向きスピンとして描く場合もある。いずれ、電子にはスピンと呼ばれる固有の磁気モーメントがあると考えれば、多くの物理現象を理解することが可能である。ちなみに、スピンにともなう角運動量は $\pm(1/2)\hbar$（h はプランク定数で $\hbar=h/2\pi$）のように半整数となる。このため、スピンは 2 回転して、はじめて量子数 1 の角運動量 $\hbar$ を発生するという奇妙な性質を有する。これも現代物理の謎である。

まず、簡単な例として、格子点においては、電子のスピン磁気モーメントが $+\mu_B$ と $-\mu_B$ の 2 種類しかない場合を考える。つまり、上向きと下向きスピンしかないものと仮定する。ちなみに、μ_B は**ボーア磁子** (Bohr magnetron) と呼ばれる磁気モーメントの基本単位で、1.165×10^{-29} [Wbm] という値を有する。基底状態にある電子の軌道角運動から導出されたものである。

外部磁場 H [A/m] が印加されたとき、図 5-2(a)のように、外部磁場とスピンの向きが平行のとき、エネルギーは $-\mu_B H$[J] となり、エネルギーが $\mu_B H$ だけ低下して安定となる[7]。ただし、磁気エネルギー E は正式には、磁気モーメントベクトル $\vec{M}$ と磁場ベクトル $\vec{H}$ の内積

$$E = -\vec{M} \cdot \vec{H}$$

として与えられる。電子スピンでは

$$\left|\vec{M}\right| = \mu_B$$

であり、磁気モーメントの向きは外部磁場ベクトルに平行か反平行しかない。

そして、図 5-2(b) のように電子スピンの向きが外部磁場と反平行となるとき、エネルギーは $\mu_B H$ だけ増加し、不安定となる。

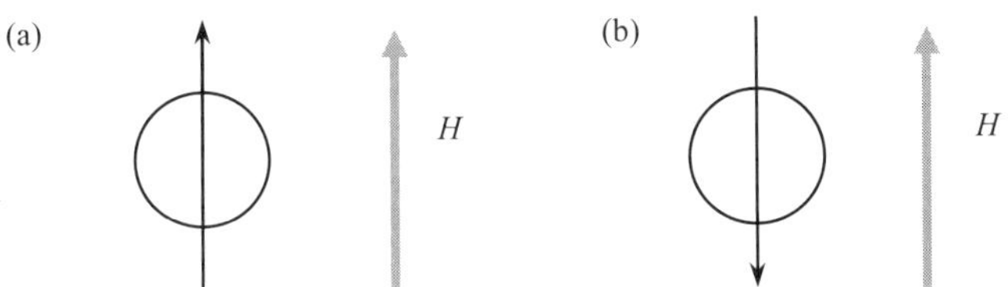

図 5-2　スピン磁気モーメントと外部磁場が平行 (a) のとき、エネルギーは $-\mu_B H$ となり、系のエネルギーが $\mu_B H$ だけ低下して安定となる。(b) のように反平行のときには、エネルギーが $\mu_B H$ だけ増加して不安定となる。磁場がない場合には、H=0 であるから磁気エネルギーは 0 となる。ただし、平行と反平行の 2 準位系では、両者の数が同数のときに 0 と考えることもできる。

したがって、ボルツマン因子

$$\exp\left(-\frac{E}{k_B T}\right) = e^{-\frac{E}{k_B T}}$$

のエネルギー E 項としては $-\mu_B H$ と$+\mu_B H$ の 2 準位となり、格子点のスピン 1

[7] 磁気モーメントの単位は [Wbm]、磁場の単位は [A/m] である。これらの積は [WbA] となるが、これがエネルギーの単位 [J] と等価となる。補遺 5-1 も参照いただきたい。

個に対応した分配関数は

$$Z = Z(T,H) = \exp\left(\frac{\mu_B H}{k_B T}\right) + \exp\left(-\frac{\mu_B H}{k_B T}\right)$$

となる。

演習 5-1　スピンが平行および反平行となる確率が

$$p^+ = \frac{N_+}{N} = \frac{1}{Z}\exp\left(\frac{\mu_B H}{k_B T}\right) \qquad p^- = \frac{N_-}{N} = \frac{1}{Z}\exp\left(-\frac{\mu_B H}{k_B T}\right)$$

と与えられることを利用して、この系の磁気モーメント M（スピン磁気モーメントの総和）を求めよ。ただし、N_+ は平行となるスピンの数、N_- は反平行となるスピンの数であり、格子点の総数を N とすると $N = N_+ + N_-$ となる。

解）　N 個の格子点からなる系の磁気モーメント M は、平行と反平行のスピン数の差に比例し

$$M = (N_+ - N_-)\mu_B$$

となる。ここで、

$$N_+ = Np^+, \quad N_- = Np^-$$

であるから

$$M = M(T,H,N) = N(p^+ - p^-)\mu_B = \frac{N\mu_B}{Z}\left\{\exp\left(\frac{\mu_B H}{k_B T}\right) - \exp\left(\frac{-\mu_B H}{k_B T}\right)\right\}$$

となる。

ここで、分配関数

$$Z = Z(T,H) = \exp\left(\frac{\mu_B H}{k_B T}\right) + \exp\left(-\frac{\mu_B H}{k_B T}\right)$$

を代入すれば、磁気モーメント M は

$$M = M(T,H,N) = N\mu_B \frac{\exp\left(\frac{\mu_B H}{k_B T}\right) - \exp\left(\frac{-\mu_B H}{k_B T}\right)}{\exp\left(\frac{\mu_B H}{k_B T}\right) + \exp\left(\frac{-\mu_B H}{k_B T}\right)}$$

と与えられる。

演習 5-2　双曲線関数の

$$\sinh\theta = \frac{e^{\theta} - e^{-\theta}}{2} \quad および \quad \cosh\theta = \frac{e^{\theta} + e^{-\theta}}{2}$$

を用いて、磁気モーメント M を変形せよ。

解）　$\theta = \mu_B H / k_B T$　と置くと

$$M = N\mu_B \frac{e^{\theta} - e^{-\theta}}{e^{\theta} + e^{-\theta}} = N\mu_B \frac{\sinh\theta}{\cosh\theta} = N\mu_B \tanh\theta$$

となるので、磁気モーメント M は

$$M = M(T, H, N) = N\mu_B \tanh\left(\frac{\mu_B H}{k_B T}\right)$$

と与えられる。

演習 5-3　θ の値が 1 より十分小さい ($\theta <<1$) とき　$\tanh\theta \cong \theta$　という近似式が成立することを確かめよ。

解）　e^{θ} の展開式は

$$e^{\theta} = 1 + \theta + \frac{1}{2}\theta^2 + \frac{1}{3!}\theta^3 + \dots$$

となるので、$\theta <<1$ のとき

$$e^{\theta} \cong 1 + \theta$$

と置けるから

$$\tanh\theta = \frac{e^{\theta} - e^{-\theta}}{e^{\theta} + e^{-\theta}} \cong \frac{(1+\theta) - (1-\theta)}{(1+\theta) + (1-\theta)} = \frac{2\theta}{2} = \theta$$

となる。

ここで、電子のスピン磁気モーメント (μ_B) は非常に小さいため、一般的に、磁場 (H) が大きくない場合

$$\mu_B H << k_B T \qquad \text{から} \qquad \frac{\mu_B H}{k_B T} << 1$$

が成立する。このとき

$$\tanh\left(\frac{\mu_B H}{k_B T}\right) \cong \frac{\mu_B H}{k_B T}$$

と置けるので、磁気モーメント M は

$$M = N\frac{\mu_B{}^2 H}{k_B T}$$

となる。

常磁性体の磁気モーメント M は、外部磁場 H に比例し、$M = \chi H$ という関係にある。この比例定数 χ を**磁化率** (magnetic susceptibility) と呼んでいる。

よって磁化率 χ は

$$\chi = \frac{M}{H} = N\frac{\mu_B{}^2}{k_B T}$$

となる。

このように、常磁性体の磁化率は温度に反比例する。**キュリー**[8]は、いろいろな物質の磁化率を調べる実験を行い、ある種のグループの磁化率が温度に反比例することを発見する。これを**キュリーの法則** (Curie's law) と呼んでいる。ちなみに、常磁性は英語では paramagnetism と呼ばれ、パラ磁性と呼ぶこともある。

実は、磁気モーメント M については統計力学的な導出方法もある。1 方向に磁場 H が印加されている状態では、系の磁場エネルギーは

$$E = -\vec{\boldsymbol{M}} \cdot \vec{\boldsymbol{H}} = -MH$$

と与えられる。

このとき、ヘルムホルツの自由エネルギー F を使うと、磁気モーメント M は

$$M = -\left(\frac{\partial F}{\partial H}\right)_T$$

と与えられる（補遺 5-1 を参照されたい）。

[8] 有名なキュリー夫人 (Marie Curie, 1867-1934) ではなく、その夫のピエール-キュリー (Pierre Curie, 1859-1906) である。彼も、物理分野で数々の偉大な功績を残している。強磁性転移温度を彼の名にちなんで、キュリー温度と呼んでいる。

分配関数 Z がわかれば、ヘルムホルツの自由エネルギーF は

$$F = -k_B T \ln Z$$

と与えられるので、F から M を求めることができる。

演習 5-4　外部磁場 H のもとで、格子点 1 個のスピンの分配関数が

$$Z = \exp\left(\frac{\mu_B H}{k_B T}\right) + \exp\left(-\frac{\mu_B H}{k_B T}\right)$$

と与えられるとき、N 個の格子点からなる系のヘルムホルツの自由エネルギー F の値を求めよ。

解）　まず、分配関数を逆温度 β で表記すると

$$Z = \exp\left(\frac{\mu_B H}{k_B T}\right) + \exp\left(-\frac{\mu_B H}{k_B T}\right) = \exp(\beta\mu_B H) + \exp(-\beta\mu_B H)$$

となる。

双曲線関数

$$\cosh t = \frac{\exp(t) + \exp(-t)}{2}$$

を使うと

$$Z = 2\cosh(\beta\mu_B H)$$

となる。

ここで N 個の格子点からなる系の分配関数は

$$Z^N = \{2\cosh(\beta\mu_B H)\}^N$$

となる。気体分子と異なり、格子点は区別できるので、$N!$で除す必要がないことに注意しよう。

よって、この系のヘルムホルツの自由エネルギー F は

$$F = -k_B T \ln(Z^N) = -Nk_B T \ln\{2\cosh(\beta\mu_B H)\}$$

となる。

ここで、変数を確認しておこう。分配関数は、温度 T、磁場 H、格子点の数 N の関数であり

$$Z^N = Z^N(T,H,N) = Z^N(\beta,H,N)$$

となる。

したがって、F も

$$F = F(T,H,N) = F(\beta,H,N)$$

となる。この系の F は

$$F(\beta,H,N) = -\frac{N}{\beta}\ln\left\{2\cosh(\beta\mu_{\mathrm{B}}H)\right\}$$

と与えられるので、磁気モーメント M は

$$M = -\frac{\partial F}{\partial H} = \frac{N}{\beta}\left(\beta\mu_{\mathrm{B}}\right)\frac{2\sinh\left(\beta\mu_{\mathrm{B}}H\right)}{2\cosh\left(\beta\mu_{\mathrm{B}}H\right)} = N\mu_{\mathrm{B}}\tanh\left(\beta\mu_{\mathrm{B}}H\right)$$

となる。

逆温度 β を温度 T の表示に戻せば

$$M = N\mu_{\mathrm{B}}\tanh\left(\frac{\mu_{\mathrm{B}}H}{k_{\mathrm{B}}T}\right)$$

となって、先ほど求めた N 個の格子点からなる系の磁気モーメント M と一致する。

5. 2. 強磁性 ― 相互作用のある系

鉄、ニッケル、コバルトでは、外部から磁場を印加しなくとも、電子のスピンがそろった状態が安定となり、永久磁石として作用する。このような性質を有する物質を**強磁性体** (ferromagnetic material) と呼んでいる。

ところで、磁石の相互作用を見ればわかるように、2 個以上の磁石の極がそろった状態は安定ではなく、磁石は反転し、磁気回路が閉じた状態となる。これは、図 5-3 に示すようなミクロ磁石においても同様であり、一般には電子スピンがそろった状態は不安定となる。

ところが、強磁性を示す物質では、量子力学的な効果（交換相互作用[9]）によ

[9] 量子力学的交換相互作用については、『なるほど量子力学 III』（海鳴社）に詳述されている。

り、隣接する格子点のスピンが平行となった状態のエネルギーが低下する。この結果、スピンがそろって永久磁石となるのである。これを**自発磁化** (spontaneous magnetization) と呼んでいる。

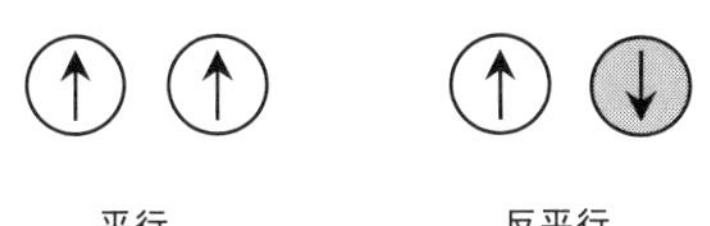

図 5-3　隣接する格子点のスピンの向き。一般には、互いに反平行の場合のエネルギーが低いが、量子力学的な交換相互作用によりスピンの向きがそろった場合にエネルギーが低下し安定となる場合もある。

5. 3.　スピン変数

ここで、スピン変数 σ というものを導入しよう。その値を、スピンが上向きのときに +1、スピンが下向きのとき −1 とし、この 2 つの値しかとらないものとする。つまり

$$\sigma_i = \begin{cases} +1 & \uparrow \text{ up} \\ \\ -1 & \downarrow \text{down} \end{cases}$$

となる。

このようにスピン変数を定義すれば、1 スピンあたりの磁化のエネルギーは

$$-\sigma_i \mu_B H$$

と置くことができる。

ただし、磁場の方向は、上向きスピンに平行とする。このとき、スピンが磁場の方向を向けば、$\sigma_i = +1$ となるので、磁化のエネルギーは $-\mu_B H$ のように負となり、安定となる。

さらに、**交換相互作用** (exchange interaction) のエネルギーは、J を交換相互作用定数（あるいは交換積分）とし、σ_i と σ_k が隣りどうしの格子のスピン変数とすると

$$-J\sigma_i \sigma_k$$

と置ける。

ここで、$J>0$ ならば、スピンが互いに平行になったほうがエネルギーが負となり安定となる。一方、$J<0$ ならば、スピンが反平行になったほうが安定となる。

さらに、相互作用は、隣り合う格子点でしか働かないと仮定する。すると、交換相互作用を含めた系のエネルギーは

$$E=-J\sum_{(i,k)}\sigma_i\sigma_k-\mu_{\mathrm{B}}H\sum_{i=1}^{N}\sigma_i$$

と与えられる。

ただし、第 1 項のシグマ記号の (i, k) は、隣り合うスピンの対について和をとるという意味である。この第 1 項が、相互作用項に相当する。

5. 4.　1 次元イジング模型

イジング模型では、物質内の格子点において、スピンは上向きと下向きしかなく、相互作用は隣り合う格子のみに働くと仮定する。さらに、このようなスピンが 1 次元に配列したものを **1 次元イジング模型** (one dimensional Ising model) と呼ぶ。 図 5-4 に模式図を示している。

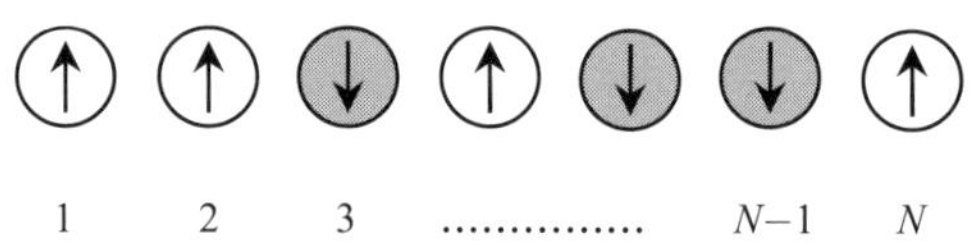

図 5-4　1 次元イジング模型。格子が横一列に並んでおり、それぞれの格子点は上向きあるいは下向きのスピンを有する。スピン間の相互作用は、隣接する格子点のみに働く。

ここで、1 次元イジング模型のスピン系において、磁場 H がない場合の系のエネルギー E を考えてみよう。

このとき、格子点が N 個からなる系のエネルギーは

$$E=-J\sum_{i=1}^{N-1}\sigma_i\sigma_{i+1}$$

となる。よって、この系の分配関数は

$$Z=\sum\exp\left(-\frac{E}{k_{\mathrm{B}}T}\right)=\sum\exp\left(\frac{J}{k_{\mathrm{B}}T}\sum_{i=1}^{N-1}\sigma_i\sigma_{i+1}\right)$$

となる。最初のΣは、分配関数として、すべての可能なエネルギー状態について和をとるという意味である。ここでエネルギー項を具体的に表記すると

$$Z=\sum\exp\left(\frac{J}{k_{\mathrm{B}}T}(\sigma_1\sigma_2+\sigma_2\sigma_3+...+\sigma_{N-1}\sigma_N)\right)$$

となる。

ここで、隣接格子点のスピン配列としては

$$\uparrow\uparrow,\ \uparrow\downarrow,\ \downarrow\downarrow,\ \downarrow\uparrow$$

の 4 通りが可能であるが、スピン変数は

$$\sigma_1=\pm 1,\quad \sigma_2=\pm 1, ... , \sigma_N=\pm 1$$

のように 2 種類の値しかとらない。和をとるときは、スピン変数の積がすべて+1 となる場合からはじめて、積が 1 個だけ -1 となる場合、積が 2 個 -1 となる場合と順に和をとれば計算が可能である。

ただし、ここでは、隣りあう 1 対の格子ペアに注目する。そのエネルギーはスピンが互いに平行のとき $-J$、反平行のとき J となる。よって、1 対の格子ペアの分配関数は

$$Z_1=\exp\left(\frac{J}{k_{\mathrm{B}}T}\right)+\exp\left(-\frac{J}{k_{\mathrm{B}}T}\right)$$

と与えられる。

格子点の総数が N 個の系においては、対は $N-1$ 組あるから、結局、系の分配関数は

$$Z={Z_1}^{N-1}=\left\{\exp\left(\frac{J}{k_{\mathrm{B}}T}\right)+\exp\left(-\frac{J}{k_{\mathrm{B}}T}\right)\right\}^{N-1}$$

と与えられる。このような取り扱いが可能となるのは、対は独立しており、対間には相互作用がないからである。

さらに、双曲線関数を利用すれば、分配関数は

$$Z=\left\{2\cosh\left(\frac{J}{k_{\mathrm{B}}T}\right)\right\}^{N-1}$$

と表記することもできる。

> **演習 5-5** 格子点の総数が N 個からなる 1 次元イジング模型のスピン系における系のエネルギー E およびヘルムホルツの自由エネルギー F 求めよ。

解） この系の分配関数は

$$Z=\left\{2\cosh\left(\frac{J}{k_{\mathrm{B}}T}\right)\right\}^{N-1}=\left\{2\cosh(\beta J)\right\}^{N-1}$$

であるから

$$\ln Z=(N-1)\left[\ln\left\{2\cosh(\beta J)\right\}\right]=(N-1)\left[\ln\left\{\cosh(\beta J)\right\}+\ln 2\right]$$

となる。

よって

$$E=-\frac{\partial(\ln Z)}{\partial\beta}=-(N-1)J\frac{\sinh(\beta J)}{\cosh(\beta J)}=-(N-1)J\tanh(\beta J)$$

$$=-(N-1)\,J\tanh\left(\frac{J}{k_{\mathrm{B}}T}\right)$$

となる。

また、ヘルムホルツの自由エネルギー F は

$$F=-k_{\mathrm{B}}T\ln Z=-(N-1)\,k_{\mathrm{B}}T\left[\ln\left\{2\cosh\left(\frac{J}{k_{\mathrm{B}}T}\right)\right\}\right]$$

となる。

いま、考えている系は、単純に N 個の格子点が横に並んだものである。実は、このモデルには少し問題がある。それは、端部が特異点になるという事実である。つまり、番号が 1 と N の格子点では、ペアが 1 個しかとれないという問題である。N が大きい場合には、それを無視できると考えているのである。

5. 5.　周期境界条件

この問題を回避するために、図 5-5 のような周期性のあるモデルを考える。

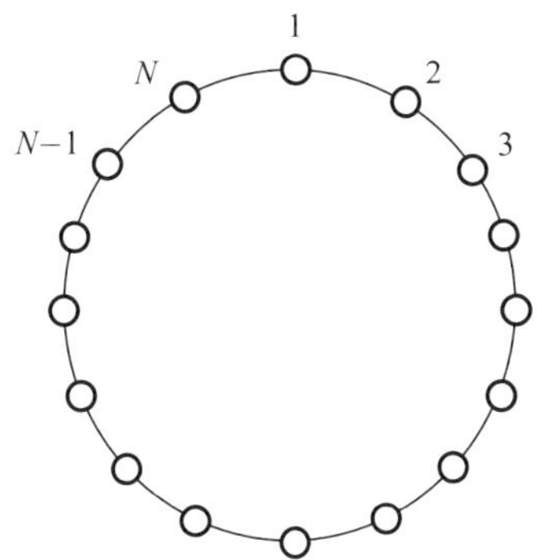

図 5-5　自由境界のない 1 次元環状格子モデル

図 5-5 の環状の 1 次元格子では、N+1 番目の格子点のスピンが 1 番目の格子点と同じになるとすればよい。

つまり

$$\sigma_{N+1} = \sigma_1$$

が条件となる。

これを**周期境界条件** (periodic boundary condition) と呼んでいる。これに対し、周期性がない場合を自由境界条件と呼んでいる。

図 5-5 からわかるように、周期境界条件下では、端部の特異性がなくなり、すべての格子点を平等に扱うことができる。また、$\sigma_N\sigma_1$ という対も加わるので、対の数は $N-1$ ではなく N となる。

この結果、分配関数のべきは N となり

$$Z = Z_1^{\ N} = \left\{\exp\left(\frac{J}{k_{\mathrm{B}}T}\right) + \exp\left(-\frac{J}{k_{\mathrm{B}}T}\right)\right\}^N = \left\{2\cosh\left(\frac{J}{k_{\mathrm{B}}T}\right)\right\}^N$$

と修正される。よって

$$E = -\frac{\partial}{\partial \beta}(\ln Z) = -NJ\tanh\left(\frac{J}{k_B T}\right)$$

となり、ヘルムホルツの自由エネルギー F は

$$F = -k_B T \ln Z = -Nk_B T\left[\ln\left\{2\cosh\left(\frac{J}{k_B T}\right)\right\}\right]$$

となる。

演習 5-6 周期境界条件を満足する N 個の格子点からなる 1 次元イジング模型スピン系におけるエントロピーを求めよ。

解） エントロピー S は、ヘルムホルツの自由エネルギー

$$F = -Nk_B T\left[\ln\left\{2\cosh\left(\frac{J}{k_B T}\right)\right\}\right]$$

から

$$S = -\frac{\partial F}{\partial T}$$

によって与えられる。ここで

$$\frac{\partial}{\partial T}\left[\ln\left\{2\cosh\left(\frac{J}{k_B T}\right)\right\}\right] = \frac{\partial}{\partial T}\left[\ln\{g(T)\}\right] = \frac{g'(T)}{g(T)}$$

ただし

$$g(T) = 2\cosh\left(\frac{J}{k_B T}\right)$$

である。さらに

$$g'(T) = 2\sinh\left(\frac{J}{k_B T}\right)\cdot\left(\frac{J}{k_B T}\right)' = -\frac{2J}{k_B T^2}\sinh\left(\frac{J}{k_B T}\right)$$

から

$$\frac{g'(T)}{g(T)} = -\frac{J}{k_B T^2}\tanh\left(\frac{J}{k_B T}\right)$$

となり、エントロピーは

$$S = Nk_B\left[\ln\left\{2\cosh\left(\frac{J}{k_B T}\right)\right\} - \frac{J}{k_B T}\tanh\left(\frac{J}{k_B T}\right)\right]$$

となる。

ここで、横軸に $k_B T/J$ をとって、エントロピーのグラフを描くと、図 5-6 のようになる。

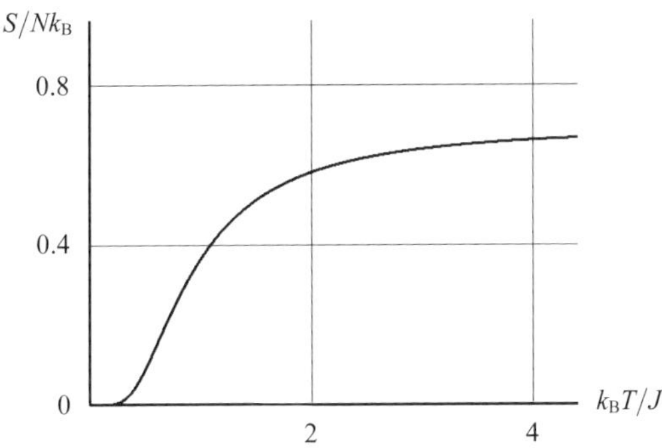

図 5-6　1 次元イジング模型スピン系のエントロピーの温度依存性

このグラフからわかるように、エントロピーの温度変化はなめらかであり、相転移にともなう飛びなどは観察されない[10]。

> **演習 5-7**　周期境界条件を満足する N 個の格子点からなる 1 次元イジング模型スピン系における比熱を求めよ。

解）　この系のエネルギーは

---

[10] 相転移については、補遺 5-2 を参照されたい。

$$E = -NJ\tanh\left(\frac{J}{k_B T}\right)$$

となり、比熱 C は $C = \partial E / \partial T$ と与えられるが $K = \dfrac{J}{k_B T}$ と置くと

$$\frac{dK}{dT} = -\frac{J}{k_B T^2}$$

であるから

$$C = \frac{\partial E}{\partial T} = -NJ\frac{\partial \tanh(K)}{\partial K}\frac{dK}{dT} = \frac{NJ^2}{k_B T^2}\frac{1}{\cosh^2(K)} = \frac{NJ^2}{k_B T^2}\frac{1}{\cosh^2\left(\dfrac{J}{k_B T}\right)}$$

$$= Nk_B\left(\frac{J}{k_B T}\right)^2\frac{1}{\cosh^2\left(\dfrac{J}{k_B T}\right)} = Nk_B\left(\frac{J}{k_B T}\right)^2 \mathrm{sec\,h}^2\left(\frac{J}{k_B T}\right)$$

となる。

ここで 1 次元イジング模型の比熱の温度依存性を $k_B T/J$ を横軸にプロットすると図 5-7 のようになる。

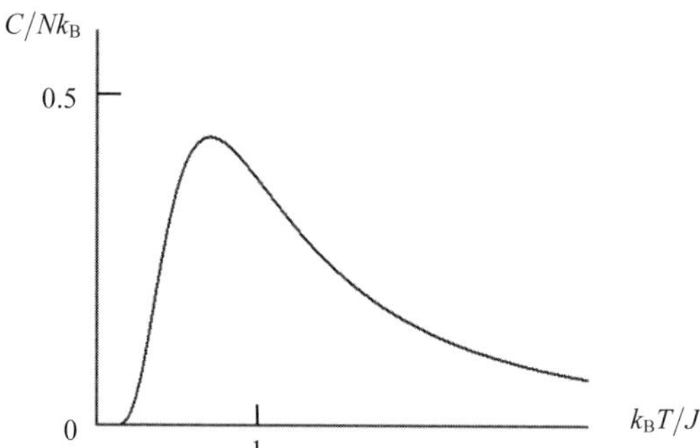

図 5-7 1 次元イジング模型スピン系の比熱の温度依存性

このように 1 次元イジング模型に基づくスピン系の比熱にも、飛びなどの異常が見られない。つまり、1 次元モデルでは、相転移が生じないことになる。

ところで、自由境界と周期境界条件の場合のエネルギーは、それぞれ

$$E = -(N-1)J\tanh\left(\frac{J}{k_B T}\right) \qquad E = -NJ\tanh\left(\frac{J}{k_B T}\right)$$

となり、N と $N-1$ だけの違いである。

実は、統計力学が対象とする系では、粒子数 N が莫大であるから、$N-1$ の 1 は無視してよいと考えられる。したがって、N が大きい場合、これらはほぼ同等と考えて良いのである。ただし、自由境界では、端部の特異性を本来は無視できないことを付記しておく。

5. 6.　磁場がある場合のイジング模型

それでは、磁場がある場合のスピン系を解析してみよう。周期境界条件が課されているものとすると、系のエネルギーは

$$E = -J\sum_{i=1}^{N}\sigma_i \sigma_{i+1} - \mu_B H \sum_{i=1}^{N}\sigma_i$$

と与えられる。

周期境界条件を導入したことで、シグマ記号の和が $N-1$ から N になることに注意されたい。ここで、和の成分を取り出せば、周期境界条件 $\sigma_{N+1} = \sigma_1$ から

$$E = (-J\sigma_1\sigma_2 - \mu_B H\sigma_1) + (-J\sigma_2\sigma_3 - \mu_B H\sigma_2) + (-J\sigma_3\sigma_4 - \mu_B H\sigma_3) + \\ \dots + (-J\sigma_N\sigma_1 - \mu_B H\sigma_N)$$

となる。

ここで、少し工夫をしよう。$-\mu_B H\sigma_i$ の項を前後に 1/2 ずつ分配するのである。すると

$$E = \left(-J\sigma_1\sigma_2 - \mu_B H\frac{\sigma_1+\sigma_2}{2}\right) + \left(-J\sigma_2\sigma_3 - \mu_B H\frac{\sigma_2+\sigma_3}{2}\right) + \\ \dots + \left(-J\sigma_N\sigma_1 - \mu_B H\frac{\sigma_N+\sigma_1}{2}\right)$$

と変形することができ、シグマ記号でまとめると

$$E = -\sum_{i=1}^{N}\left[J\sigma_i\sigma_{i+1} + \mu_B H\frac{\sigma_i+\sigma_{i+1}}{2}\right]$$

という和とすることができる。ただし、σ_i と σ_{i+1} は、ともに ±1 の値をとることができるので、系はいろいろなエネルギー状態をとることになる。

よって、分配関数は

$$Z = \sum \exp\left\{\frac{1}{k_{\mathrm{B}}T}\sum_{i=1}^{N}\left[J\sigma_i\sigma_{i+1} + \mu_{\mathrm{B}}H\frac{\sigma_i + \sigma_{i+1}}{2}\right]\right\}$$

となる。

先頭のΣは、可能なエネルギー状態をすべて足し合わせるという意味となる。

さらに、$K = J / k_{\mathrm{B}}T$, $L = \mu_{\mathrm{B}}H / k_{\mathrm{B}}T$ と置くと

$$Z = \sum \exp\left\{\sum_{i=1}^{N}\left(K\sigma_i\sigma_{i+1} + L\frac{\sigma_i + \sigma_{i+1}}{2}\right)\right\}$$

となる。

exp の項を成分で書けば

$$\exp\left(K\sigma_1\sigma_2 + L\frac{\sigma_1 + \sigma_2}{2}\right)\ \exp\left(K\sigma_2\sigma_3 + L\frac{\sigma_2 + \sigma_3}{2}\right) \dots \exp\left(K\sigma_N\sigma_1 + L\frac{\sigma_N + \sigma_1}{2}\right)$$

のような積に分解できる。周期境界条件から最後の項は、$\sigma_{N+1} = \sigma_1$ としている。

ここで、積の成分である i 番目と i+1 番目からなる組合せの

$$\exp\left(K\sigma_i\sigma_{i+1} + L\frac{\sigma_i + \sigma_{i+1}}{2}\right)$$

に着目してみよう。実は、この項は 1 個ではない。σ_i と σ_{i+1} は ±1 の値をとることができるので、正式には

$$\sum_{\sigma_i = \pm 1}\ \sum_{\sigma_{i+1} = \pm 1} \exp\left(K\sigma_i\sigma_{i+1} + L\frac{\sigma_i + \sigma_{i+1}}{2}\right)$$

となり対応する成分は 4 個となる。スピン配列では

↑↑　↑↓　↓↓　↓↑

の 4 種類に対応する。

実は、これらスピン系の分配関数の取り扱いにおいては、線形代数の手法をうまく利用すると計算が簡単になることが知られている。そこで、そのための準備をしていく。

まず、σ_i は +1 と −1 という 2 個の成分を有するので、それぞれを 2 次元基底ベクトルの (1, 0) および (0, 1) に対応させてみよう。

$$\sigma_i \to +1 : (1\ \ 0) \qquad \sigma_i \to -1 : (0\ \ 1)$$

これらは、次のような縦ベクトル

$$\sigma_i \to +1 : \begin{pmatrix} 1 \\ 0 \end{pmatrix} \qquad \sigma_j \to -1 : \begin{pmatrix} 0 \\ 1 \end{pmatrix}$$

として表示してもよい。

5.7.　行列表示

線形代数の手法を使うために、横ベクトルは $\langle \sigma_i |$ と、縦ベクトルは $| \sigma_i \rangle$ と表示する。これらは、**ブラベクトル** (bra vector) および**ケットベクトル** (ket vector) と呼ばれるディラック流の表示方法であり、量子力学の演算に便利である。

たとえば、横と縦ベクトルの積をとれば

$$\langle \sigma_i | \sigma_i \rangle = (1 \ \ 0) \begin{pmatrix} 1 \\ 0 \end{pmatrix} = 1 \qquad \langle \sigma_j | \sigma_j \rangle = (0 \ \ 1) \begin{pmatrix} 0 \\ 1 \end{pmatrix} = 1$$

$$\langle \sigma_i | \sigma_j \rangle = (1 \ \ 0) \begin{pmatrix} 0 \\ 1 \end{pmatrix} = 0$$

となるが、これは**内積** (inner product) となる。

一方、$| \sigma_i \rangle \langle \sigma_i |$ は

$$| \sigma_i \rangle \langle \sigma_i | = \begin{pmatrix} 1 \\ 0 \end{pmatrix} (1 \ \ 0) = \begin{pmatrix} 1 & 0 \\ 0 & 0 \end{pmatrix} \qquad | \sigma_i \rangle \langle \sigma_i | = \begin{pmatrix} 0 \\ 1 \end{pmatrix} (0 \ \ 1) = \begin{pmatrix} 0 & 0 \\ 0 & 1 \end{pmatrix}$$

となり 2 行 2 列の行列となる[11]。

演習 5-8　相互作用のあるイジング模型の分配関数の一般項である

$$\sum_{\sigma_i = \pm 1} \sum_{\sigma_{i+1} = \pm 1} \exp\left(K \sigma_i \sigma_{i+1} + L \frac{\sigma_i + \sigma_{i+1}}{2} \right)$$

の値を求めよ。

解）　(σ_i, σ_{i+1}) の組み合わせとしては

$$(1, 1), (1, \ -1), (-1, 1), (-1, \ -1)$$

の 4 通りが考えられる。

[11] これを外積と呼ぶこともあるが、本来の外積は 3 次元ベクトルが対象である。

まず、(1, 1) ↑↑のとき、$\sigma_i \sigma_{i+1} = 1$, $\sigma_i + \sigma_{i+1} = 2$ となるので

$$\exp\left(K\sigma_i \sigma_{i+1} + L\frac{\sigma_i + \sigma_{i+1}}{2}\right) = \exp\left(K + L\frac{2}{2}\right) = e^{K+L}$$

となる。

つぎに、(1, −1) ↑↓ のとき、$\sigma_i \sigma_{i+1} = -1$, $\sigma_i + \sigma_{i+1} = 0$ となるので

$$\exp\left(K\sigma_i \sigma_{i+1} + L\frac{\sigma_i + \sigma_{i+1}}{2}\right) = \exp\left(-K + L\frac{1-1}{2}\right) = e^{-K}$$

となる。

以下、同様にして、(−1, 1) ↓↑ のときは

$$\exp\left(K\sigma_i \sigma_{i+1} + L\frac{\sigma_i + \sigma_{i+1}}{2}\right) = \exp\left(-K + L\frac{-1+1}{2}\right) = e^{-K}$$

となり、(−1, −1) ↓↓ のときは

$$\exp\left(K\sigma_i \sigma_{i+1} + L\frac{\sigma_i + \sigma_{i+1}}{2}\right) = \exp\left(K + L\frac{-1-1}{2}\right) = e^{K-L}$$

となる。

つまり、ひとつの項である

$$\exp\left(K\sigma_i \sigma_{i+1} + L\frac{\sigma_i + \sigma_{i+1}}{2}\right)$$

は、e^{K+L}, e^{K-L}, e^{-K} の 3 つの異なる値を有する。これが、N 項あるのだから、これを、まともに計算するのは大変である。そのための工夫をしていく。

まず、上記の 3 個の値を要素とするつぎの 2×2 行列をつくってみよう。

$$\tilde{\boldsymbol{T}} = \begin{pmatrix} e^{K+L} & e^{-K} \\ e^{-K} & e^{K-L} \end{pmatrix}$$

ここで､行列の $\boldsymbol{T}$ の上に冠した記号の ~ は**チルダ** (tilde) と呼ばれるもので、$\boldsymbol{T}$ が変数ではなく行列であることを示すために付したものである。

行列要素と (σ_i, σ_{i+1}) の組み合わせは

$$\begin{pmatrix} (\ \ 1,\ 1) & (\ \ 1, -1) \\ (-1,\ 1) & (-1, -1) \end{pmatrix}$$

となる。

この行列を**転送行列** (transfer matrix) と呼んでいる。それは、つぎに示すよう

に、i 番目と $i+1$ 番目をつなぐ役目

$$\langle \sigma_i | \tilde{\boldsymbol{T}} | \sigma_{i+1} \rangle$$

をしているからである。それでは、この行列演算を進めてみよう。

演習 5-9　$\tilde{\boldsymbol{T}} | \sigma_{i+1} \rangle$ を計算せよ。

解）　σ_{i+1} の値は 1 または -1 である。ここで、$\sigma_{i+1} = 1$ のとき、対応するベクトルは

$$| \sigma_{i+1} \rangle = \begin{pmatrix} 1 \\ 0 \end{pmatrix}$$

であるから

$$\tilde{\boldsymbol{T}} | \sigma_{i+1} \rangle = \begin{pmatrix} e^{K+L} & e^{-K} \\ e^{-K} & e^{K-L} \end{pmatrix} \begin{pmatrix} 1 \\ 0 \end{pmatrix} = \begin{pmatrix} e^{K+L} \\ e^{-K} \end{pmatrix}$$

と与えられる。

つぎに $\sigma_{i+1} = -1$ のとき、対応するベクトルは

$$| \sigma_{i+1} \rangle = \begin{pmatrix} 0 \\ 1 \end{pmatrix}$$

であるから

$$\tilde{\boldsymbol{T}} | \sigma_{i+1} \rangle = \begin{pmatrix} e^{K+L} & e^{-K} \\ e^{-K} & e^{K-L} \end{pmatrix} \begin{pmatrix} 0 \\ 1 \end{pmatrix} = \begin{pmatrix} e^{-K} \\ e^{K-L} \end{pmatrix}$$

となる。

演習 5-10　演習 5-9 の結果を利用して、$\langle \sigma_i | \tilde{\boldsymbol{T}} | \sigma_{i+1} \rangle$ の値を求めよ。

解）　$\sigma_i = 1$ のとき $\langle \sigma_i | = (1 \;\; 0)$ であるから

$$\langle \sigma_i | \tilde{\boldsymbol{T}} | \sigma_{i+1} \rangle = (1 \;\; 0) \begin{pmatrix} e^{K+L} \\ e^{-K} \end{pmatrix} = e^{K+L}$$

となるが、これは

$$(\sigma_i, \sigma_{i+1}) = (1, 1)$$

に対応する。

　また

$$\langle \sigma_i | \tilde{\boldsymbol{T}} | \sigma_{i+1} \rangle = (1\ \ 0)\begin{pmatrix} e^{-K} \\ e^{K-L} \end{pmatrix} = e^{-K}$$

は

$$(\sigma_i, \sigma_{i+1}) = (1,\ -1)$$

に対応する。

　つぎに $\sigma_i = -1$ のとき $\langle \sigma_i | = (0\ \ 1)$ であるから

$$\langle \sigma_i | \tilde{\boldsymbol{T}} | \sigma_{i+1} \rangle = (0\ \ 1)\begin{pmatrix} e^{K+L} \\ e^{-K} \end{pmatrix} = e^{-K}$$

となるが、これは

$$(\sigma_i, \sigma_{i+1}) = (-1, 1)$$

に対応する。

　また

$$\langle \sigma_i | \tilde{\boldsymbol{T}} | \sigma_{i+1} \rangle = (0\ \ 1)\begin{pmatrix} e^{-K} \\ e^{K-L} \end{pmatrix} = e^{K-L}$$

は

$$(\sigma_i, \sigma_{i+1}) = (-1,\ -1)$$

となる。

　したがって

$$\sum_{i=1}^{N} \left\{ \sum_{\sigma_i = \pm 1} \sum_{\sigma_{i+1} = \pm 1} \langle \sigma_i | \tilde{\boldsymbol{T}} | \sigma_{i+1} \rangle \right\}$$

を計算すれば、すべてのエネルギー状態が網羅されることになる。

　よって、スピン変数が

$$\sigma_1 = \pm 1, \sigma_2 = \pm 1, \ldots, \sigma_N = \pm 1$$

のように 2 種類の値を取り得るということを踏まえて、エネルギー状態の和を

行列演算を利用して求めれば、分配関数が

$$Z=\sum_{\sigma_1=\pm1}\cdots\sum_{\sigma_N=\pm1}\sum_{\sigma_{N+1}=\pm1}\langle\sigma_1|\tilde{\boldsymbol{T}}|\sigma_2\rangle\langle\sigma_2|\tilde{\boldsymbol{T}}|\sigma_3\rangle\langle\sigma_3|\tilde{\boldsymbol{T}}|\sigma_4\rangle\ldots\langle\sigma_N|\tilde{\boldsymbol{T}}|\sigma_1\rangle$$

という演算式によって与えられることになる。

ここで、転送行列 $\tilde{\boldsymbol{T}}$ と $\tilde{\boldsymbol{T}}$ の間に

$$|\sigma_2\rangle\langle\sigma_2|,\ |\sigma_3\rangle\langle\sigma_3|,\ldots$$

という演算が挿入されていることに気づく。

実は、これら演算は

$$\sum_{\sigma_i=\pm1}|\sigma_i\rangle\langle\sigma_i|=\begin{pmatrix}1\\0\end{pmatrix}(1\ 0)+\begin{pmatrix}0\\1\end{pmatrix}(0\ 1)=\begin{pmatrix}1&0\\0&0\end{pmatrix}+\begin{pmatrix}0&0\\0&1\end{pmatrix}=\begin{pmatrix}1&0\\0&1\end{pmatrix}$$

となり、すべての i に対して、単位行列となる。

したがって、上記の行列ベクトル演算は簡単化され

$$Z=\sum_{\sigma_1=\pm1}\cdots\sum_{\sigma_{N+1}=\pm1}\langle\sigma_1|\tilde{\boldsymbol{T}}^N|\sigma_{N+1}\rangle=\sum_{\sigma_1=\pm1}\langle\sigma_1|\tilde{\boldsymbol{T}}^N|\sigma_1\rangle$$

となる。

実は、この結果を得るために、行列を利用したのである。

さらに、最後の式は

$$\sum_{\sigma_1=\pm1}\langle\sigma_1|\tilde{\boldsymbol{T}}^N|\sigma_1\rangle=(1\ \ 0)\tilde{\boldsymbol{T}}^N\begin{pmatrix}1\\0\end{pmatrix}+\ (0\ \ 1)\tilde{\boldsymbol{T}}^N\begin{pmatrix}0\\1\end{pmatrix}$$

となるが

$$\tilde{\boldsymbol{T}}^N=\begin{pmatrix}T^N{}_{11}&T^N{}_{12}\\T^N{}_{21}&T^N{}_{22}\end{pmatrix}$$

と置くと

$$(1\ \ 0)\tilde{\boldsymbol{T}}^N\begin{pmatrix}1\\0\end{pmatrix}+\ (0\ \ 1)\tilde{\boldsymbol{T}}^N\begin{pmatrix}0\\1\end{pmatrix}=T^N{}_{11}+T^N{}_{22}$$

となって、対角成分の和、すなわち、**トレース**（trace : Tr という表記を使い、対角和とも呼ぶ）となる。

ところで

$$\tilde{\boldsymbol{T}}=\begin{pmatrix}e^{K+L}&e^{-K}\\e^{-K}&e^{K-L}\end{pmatrix}$$

であったので

$$\tilde{\boldsymbol{T}}^N = \underbrace{\begin{pmatrix} e^{K+L} & e^{-K} \\ e^{-K} & e^{K-L} \end{pmatrix} \cdots \begin{pmatrix} e^{K+L} & e^{-K} \\ e^{-K} & e^{K-L} \end{pmatrix}}_{N} = \begin{pmatrix} e^{K+L} & e^{-K} \\ e^{-K} & e^{K-L} \end{pmatrix}^N$$

を計算して、そのトレース（対角和）をとれば、それが分配関数となる。

結局

$$Z = \mathrm{Tr}(\tilde{\boldsymbol{T}}^N)$$

と与えられることになる。

5.8. 行列の対角化

実は、行列の N 乗を求める計算は、まともに実施しようとすれば、大変面倒である。そこで、線形代数の手法を用いる（補遺 5-3 を参照いただきたい）。

行列 $\tilde{\boldsymbol{T}}$ は**実対称行列** (real symmetric matrix) であるから、適当な**直交行列** (orthogonal matrix) : $\tilde{\boldsymbol{U}}$ を用いて**対角化** (diagonalization) することができ

$$\tilde{\boldsymbol{S}} = \tilde{\boldsymbol{U}}^{-1} \tilde{\boldsymbol{T}}\, \tilde{\boldsymbol{U}} = \begin{pmatrix} \lambda_1 & 0 \\ 0 & \lambda_2 \end{pmatrix}$$

となることが知られている。

このとき、λ_1 と λ_2 は行列 $\tilde{\boldsymbol{T}}$ の**固有値** (eigenvalue) となる。対角化できれば、行列の N 乗は簡単となり

$$\tilde{\boldsymbol{S}}^N = \tilde{\boldsymbol{U}}^{-1} \tilde{\boldsymbol{T}}^N\, \tilde{\boldsymbol{U}} = \begin{pmatrix} \lambda_1 & 0 \\ 0 & \lambda_2 \end{pmatrix}^N = \begin{pmatrix} {\lambda_1}^N & 0 \\ 0 & {\lambda_2}^N \end{pmatrix}$$

と与えられる。ここで

$$\tilde{\boldsymbol{U}}\, \tilde{\boldsymbol{S}}^N \tilde{\boldsymbol{U}}^{-1} = \tilde{\boldsymbol{U}} \tilde{\boldsymbol{U}}^{-1} \tilde{\boldsymbol{T}}^N\, \tilde{\boldsymbol{U}}\, \tilde{\boldsymbol{U}}^{-1} = \tilde{\boldsymbol{T}}^N$$

であるから

$$\tilde{\boldsymbol{T}}^N = \tilde{\boldsymbol{U}}\, \tilde{\boldsymbol{S}}^N \tilde{\boldsymbol{U}}^{-1} = \tilde{\boldsymbol{U}} \begin{pmatrix} {\lambda_1}^N & 0 \\ 0 & {\lambda_2}^N \end{pmatrix} \tilde{\boldsymbol{U}}^{-1}$$

という変換をすれば、$\tilde{\boldsymbol{T}}^N$ を求めることができる。

このためには、直交行列 $\tilde{\boldsymbol{U}}$ を求める必要があるが、実は、対角和には

$$\mathrm{Tr}(\tilde{\boldsymbol{T}}^N) = \mathrm{Tr}(\tilde{\boldsymbol{U}}^{-1}\tilde{\boldsymbol{T}}^N\tilde{\boldsymbol{U}})$$

という性質があるので

$$Z = \mathrm{Tr}\,(\tilde{\boldsymbol{T}}^N) = {\lambda_1}^N + {\lambda_2}^N$$

と与えられ、対角化をしなくとも、行列 $\tilde{\boldsymbol{T}}$ の固有値さえ求められれば、分配関数が得られることになる。つまり、行列の固有値を求めることが主題となる。

演習 5-11　つぎの行列の固有値を求めよ。

$$\tilde{\boldsymbol{T}} = \begin{pmatrix} e^{K+L} & e^{-K} \\ e^{-K} & e^{K-L} \end{pmatrix}$$

解）　固有ベクトルを

$$|x\rangle = \begin{pmatrix} x_1 \\ x_2 \end{pmatrix}$$

とし、固有値を λ とすると

$$\tilde{\boldsymbol{T}}|x\rangle = \lambda|x\rangle = \begin{pmatrix} \lambda & 0 \\ 0 & \lambda \end{pmatrix}|x\rangle$$

という関係にある。

したがって

$$\begin{pmatrix} e^{K+L} & e^{-K} \\ e^{-K} & e^{K-L} \end{pmatrix}|x\rangle = \begin{pmatrix} \lambda & 0 \\ 0 & \lambda \end{pmatrix}|x\rangle$$

から

$$\begin{pmatrix} e^{K+L}-\lambda & e^{-K} \\ e^{-K} & e^{K-L}-\lambda \end{pmatrix}|x\rangle = \begin{pmatrix} 0 \\ 0 \end{pmatrix}$$

となる。

この連立方程式が

$$|x\rangle = \begin{pmatrix} 0 \\ 0 \end{pmatrix}$$

という自明解以外の解を持つ条件は、係数行列の行列式が 0 となることである。

よって

$$\begin{vmatrix} e^{K+L} - \lambda & e^{-K} \\ e^{-K} & e^{K-L} - \lambda \end{vmatrix} = 0$$

が条件となる。

左辺を展開すると

$$(e^{K+L} - \lambda)(e^{K-L} - \lambda) - (e^{-K})^2 = 0$$

となり

$$\lambda^2 - e^K(e^L + e^{-L})\lambda + (e^{2K} - e^{-2K}) = 0$$

これは、λ に関する 2 次方程式なので、その解は

$$\lambda = \frac{1}{2}e^K(e^L + e^{-L}) \pm \frac{1}{2}\sqrt{e^{2K}(e^L + e^{-L})^2 - 4(e^{2K} - e^{-2K})}$$

となる。

したがって

$$\lambda_1 = \frac{1}{2}e^K(e^L + e^{-L}) + \frac{1}{2}\sqrt{e^{2K}(e^L + e^{-L})^2 - 4(e^{2K} - e^{-2K})}$$

$$\lambda_2 = \frac{1}{2}e^K(e^L + e^{-L}) - \frac{1}{2}\sqrt{e^{2K}(e^L + e^{-L})^2 - 4(e^{2K} - e^{-2K})}$$

の 2 個が固有値となり、分配関数は

$$Z = \lambda_1{}^N + \lambda_2{}^N$$

となる。

少々苦労したが、これで 1 次元イジング模型において、磁場 H が印加された場合の分配関数が得られた。これをもとに熱力学関数を得ることができる。たとえば、ヘルムホルツの自由エネルギーは

$$F = -k_B T \ln Z = -k_B T \ln(\lambda_1{}^N + \lambda_2{}^N)$$

と与えられる。

さらに、磁気モーメントは

$$M = -\frac{\partial F}{\partial H}$$

によって、計算できる。

ただし、λ_1 ならびに λ_2 は上記のように、やや複雑なかたちをしている。

また

$$\ln(\lambda_1{}^N + \lambda_2{}^N)$$

の計算は、数値計算は可能であるが、数式展開はできない。そこで、つぎのような工夫をしてみる。

$$\lambda_1{}^N + \lambda_2{}^N = \lambda_1{}^N \left\{1 + \left(\frac{\lambda_2}{\lambda_1}\right)^N\right\}$$

と変形する。すると

$$\frac{\lambda_2}{\lambda_1} < 1$$

である。ここで統計力学で扱う系では、N が 6×10^{23} と巨大である。このため

$$\left(\frac{\lambda_2}{\lambda_1}\right)^N \to 0$$

となる。実際に $\lambda_2/\lambda_1 = 0.9$ としても、たった N=100 で 2.7×10^{-5} となるから、無視できる値となる。したがって N の大きい系では

$$\lambda_1{}^N + \lambda_2{}^N = \lambda_1{}^N \left\{1 + \left(\frac{\lambda_2}{\lambda_1}\right)^N\right\} \to \lambda_1{}^N$$

としてよいことがわかる。すると

$$F = -k_\mathrm{B}T\ln(\lambda_1{}^N + \lambda_2{}^N) \cong -k_\mathrm{B}T\ln\lambda_1{}^N = -Nk_\mathrm{B}T\ln\lambda_1$$

となる。ここで

$$\lambda_1 = \frac{1}{2}e^K(e^L + e^{-L}) + \frac{1}{2}\sqrt{e^{2K}(e^L + e^{-L})^2 - 4(e^{2K} - e^{-2K})}$$

である。

演習 5-12　双曲線関数 $\cosh L = \dfrac{e^{L} + e^{-L}}{2}$ を利用して λ_1 を変形せよ。

解）

$$\lambda_1 = e^{K}\cosh L + \frac{1}{2}\sqrt{e^{2K}(2\cosh L)^2 - 4(e^{2K} - e^{-2K})}$$

$$= e^{K}\cosh L + \sqrt{e^{2K}(\cosh L)^2 - (e^{2K} - e^{-2K})}$$

$$= e^{K}\cosh L + e^{K}\sqrt{\cosh^2 L - 1 + e^{-4K}} \;\; = e^{K}(\cosh L + \sqrt{\sinh^2 L + e^{-4K}}\;)$$

となる。

したがって

$$\ln \lambda_1 = K + \ln\,(\cosh L + \sqrt{\sinh^2 L + e^{-4K}}\;)$$

となる。よってヘルムホルツの自由エネルギーは

$$F = -Nk_{\mathrm{B}}T \ln \lambda_1 = -Nk_{\mathrm{B}}T \left[K + \ln\,(\cosh L + \sqrt{\sinh^2 L + e^{-4K}}\;) \right]$$

となる。ただし

$$K = \frac{J}{k_{\mathrm{B}}T} \qquad L = \frac{\mu_{\mathrm{B}}H}{k_{\mathrm{B}}T}$$

であったので

$$F = -N \left[J + k_{\mathrm{B}}T \ln\,(\cosh L + \sqrt{\sinh^2 L + e^{-4K}}\;) \right]$$

となる。

それでは、この系の磁気モーメント M を計算してみよう。まず、上記の F は $F(T, H, N)$ のような 3 変数の関数である。$L = \mu_{\mathrm{B}}H / k_{\mathrm{B}}T$ であるから

$$M = M(T,H,N) = -\frac{\partial F}{\partial H} = -\frac{\partial F}{\partial L}\frac{dL}{dH} = -\frac{\mu_B}{k_B T}\frac{\partial F}{\partial L}$$

となる。

演習 5-13　つぎの関数

$$G(L) = \ln(\cosh L + \sqrt{\sinh^2 L + e^{-4K}})$$

の L に関する偏微分を計算せよ。

解）　$$f(L) = \cosh L + \sqrt{\sinh^2 L + e^{-4K}} = \cosh L + (\sinh^2 L + e^{-4K})^{\frac{1}{2}}$$

と置くと

$$\frac{\partial G(L)}{\partial L} = \frac{\partial \ln(f(L))}{\partial L} = \frac{f'(L)}{f(L)}$$

である。ここで

$$f'(L) = \sinh L + \frac{1}{2}(\sinh^2 L + e^{-4K})^{-\frac{1}{2}}(\sinh^2 L + e^{-4K})'$$

$$= \sinh L + (\sinh^2 L + e^{-4K})^{-\frac{1}{2}} \sinh L \cosh L$$

$$= \frac{\sinh L\,(\sinh^2 L + e^{-4K})^{\frac{1}{2}} + \sinh L \cosh L}{(\sinh^2 L + e^{-4K})^{\frac{1}{2}}}$$

$$= \frac{\sinh L \sqrt{\sinh^2 L + e^{-4K}} + \sinh L \cosh L}{\sqrt{\sinh^2 L + e^{-4K}}}$$

となる。したがって

$$\frac{\partial G(L)}{\partial L} = \frac{f'(L)}{f(L)} = \frac{\sinh L \sqrt{\sinh^2 L + e^{-4K}} + \sinh L \cosh L}{(\cosh L + \sqrt{\sinh^2 L + e^{-4K}})\sqrt{\sinh^2 L + e^{-4K}}}$$

$$= \frac{\sinh L\,(\cosh L + \sqrt{\sinh^2 L + e^{-4K}})}{(\cosh L + \sqrt{\sinh^2 L + e^{-4K}})\sqrt{\sinh^2 L + e^{-4K}}} = \frac{\sinh L}{\sqrt{\sinh^2 L + e^{-4K}}}$$

と整理できる。

したがって、磁気モーメントは

$$M = N\mu_B \frac{\sinh L}{\sqrt{\sinh^2 L + e^{-4K}}}$$

と与えられことになる。

$$K = \frac{J}{k_B T} \qquad L = \frac{\mu_B H}{k_B T}$$

を代入すれば

$$M = N\mu_B \frac{\sinh\left(\dfrac{\mu_B H}{k_B T}\right)}{\sqrt{\sinh^2\left(\dfrac{\mu_B H}{k_B T}\right) + \exp\left(-\dfrac{4J}{k_B T}\right)}}$$

となる。ここで、$T \to 0$ のとき

$$\frac{\sinh\left(\dfrac{\mu_B H}{k_B T}\right)}{\sqrt{\sinh^2\left(\dfrac{\mu_B H}{k_B T}\right) + \exp\left(-\dfrac{4J}{k_B T}\right)}} \to \frac{\sinh\left(\dfrac{\mu_B H}{k_B T}\right)}{\sqrt{\sinh^2\left(\dfrac{\mu_B H}{k_B T}\right)}} = 1$$

であるから

$$M \to N\mu_B$$

となる。

つまり、磁場 H の向きに全スピンが向いた状態となる。結局、1 次元イジング模型の磁気モーメントの温度依存性は図 5-8 のようになる。

このように、磁気モーメント M は温度上昇とともに、なめらかに低下しており、高温となるにしたがって $M=0$ に漸近していく。このように、1 次元モデルでは、相転移などの異常は一切認められないのである。

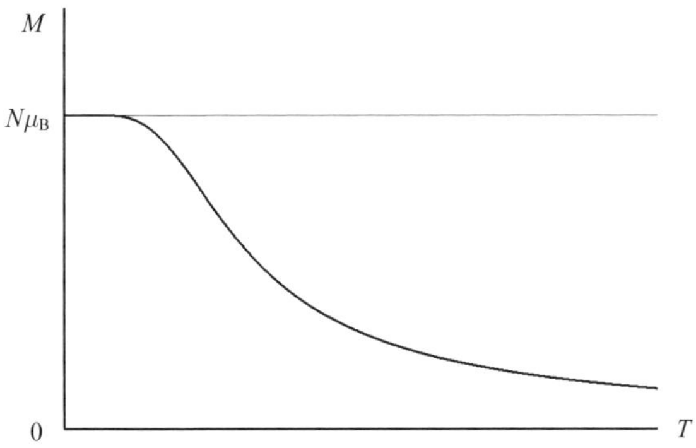

図 5-8　1 次元イジング模型の磁気モーメント M の温度依存性

補遺 5-1　磁性体の熱力学

統計力学―基礎編において、熱力学関数の導出について紹介した。ここで、あらためて磁性体の熱力学を整理してみよう。

まず、熱力学におけるエネルギー保存則である

$$dQ = dU + PdV$$

が基本となる。エントロピーの定義

$$dQ = TdS$$

から

$$dU = TdS - PdV$$

という基本の式が得られる。

この式から、内部エネルギー U は

$$U = U(S, V)$$

となり、その自然な変数は S と V となるのであった。

もちろん、本来であれば

$$U = U(S, V, N)$$

のように、粒子数 N も変数となるが、ここでは、2 変数に注目して議論を進めていく。

ここで、PV に注目しよう。圧力 P の単位は [N/m^2]、体積 V の単位は [m^3] であるから、これらの積 PV は [Nm] となり、その単位はエネルギーと同じ [J] = [Nm] となる。さらに、P は**示強変数** (intensive variable)、V は**示量変数** (extensive variable) である。

以上をもとに、磁性体の内部エネルギー U の表式を考えてみよう。磁性体は固体であるので PV の変化はないものとして論を進める。一方、**磁場** (magnetic field) H を印加したときに、**磁化** (magnetization) m が生じるとすると、PV に相当するものは $-mH$ となる。負の符号がつくのは、磁化によって系の秩序が向上するため、エネルギーが低下するからである。

ただし、注意点がある。磁化 m は単位体積あたりの**磁気モーメント** (magnetic moment) M のことであり、体積を V として

$$m = M / V$$

という関係にある。

一方、本文では、格子点 1 個が有する磁気モーメントを μ_B として、格子点が N 個の場合の磁気モーメントを

$$M = N\mu_B$$

とすることで、M に示量性が反映されている。

H は示強変数であるから、対応する示量変数としては、磁気モーメント M を採用するのが正しい。

ただし、N が単位体積あたりの格子点の数と考えれば、磁化 m を採用しても問題ないことになる。このため、多くの教科書では、磁化と磁気モーメントを明確に区別していない場合も多い。

ここで、単位を整理しておこう。すると、磁場 H の単位は [A/m] となり、磁気モーメント M の単位は [Wbm] となる。したがって、磁化 m の単位は、体積で除して

$$[\mathrm{Wbm}] / [\mathrm{m}^3] = [\mathrm{Wb/m}^2]$$

となる。

実は、ここで得られた [Wb/m^2] は**磁束密度** (magnetic flux density) の単位であり、[T] とも表記され、テスラ (tesla) と読む。ここで [Wb] は**磁束** (magnetic flux) の単位であるが、実は、**磁荷** (magnetic charge) q の単位でもある。磁気モーメント M の単位は [Wbm] であり、磁荷 [Wb] に腕の長さ L [m] をかけたものとなっているが、まさにモーメントなのである。

ここで、MH の単位を見てみよう。M の単位は [Wbm]、H の単位は [A/m] であるので、MH の単位は [WbA] となる。

ここで、磁荷 q [Wb] を、磁場 H [A/m] 中に置いたとき f [N] の力が発生するという関係にあり

$$f = qH$$

となる。この単位をみると

$$[\mathrm{N}] = [\mathrm{Wb}][\mathrm{A/m}] = [\mathrm{WbA/m}]$$

という関係にある。ここで、エネルギー E [J] の単位は [Nm] であるから

$$[\mathrm{J}] = [\mathrm{WbA}]$$

となって、MH の単位は、まさにエネルギーの単位となることがわかる。

つまり

$$P: \text{示強変数} \qquad V: \text{示量変数}$$

$$H: \text{示強変数} \qquad -M: \text{示量変数}$$

という対応関係にある。

したがって、磁性体の内部エネルギーは

$$dU = TdS + HdM$$

と与えられ、さらに、磁性体の U は

$$U = U(S, M)$$

となり、その自然な変数は、S と M ということになる。

ここで、統計力学—基礎編で行ったルジャンドル変換を導入してみよう。まず、U をヘルムホルツの自由エネルギー F に変換する。

このとき

$$TdS \quad \rightarrow \quad -SdT$$

というルジャンドル変換となり

$$dF = -SdT + HdM$$

となる。よって

$$F = F(T, M)$$

と置くことができ、ヘルムホルツの自由エネルギー F の自然な変数は T と M ということになる。

それでは、F にルジャンドル変換を施して、ギブスの自由エネルギー G を導入してみよう。この際の変換は

$$HdM \quad \rightarrow \quad -MdH$$

となる。したがって

$$dG = -SdT - MdH$$

となり、ギブスの自由エネルギーは

$$G = G(T, H)$$

となって、その自然な変数は T と H ということになる。G の表式から、温度が一定のもとでは

$$M = -\left(\frac{\partial G(T,H)}{\partial H}\right)_T$$

という関係が得られる。

ところで、本文中では

$$M = -\left(\frac{\partial F}{\partial H}\right)_T$$

として、磁気モーメントを求めている。一般の教科書でも、F を用いた式が広く使われている。ただし、上記の議論から、正式には、F ではなく G とするのが正しいことがわかる。

ところで、F と G の関係は、気体の場合

$$G = F + PV$$

であったが、磁性体では

$$G = F - MH$$

となる。その全微分は

$$dG = dF - MdH - HdM$$

となるが

$$dF = -SdT + HdM$$

を代入すれば

$$dG = -SdT - MdH$$

となることからも $G = F - MH$ の正当性が確かめられる。

最後に、F を使った式における M の導出について付記しておきたい。

実は、分配関数 Z から、ヘルムホルツの自由エネルギー F を求める際に

$$F = -k_B T \ln Z$$

という式を使っている。

この式を利用して磁性体を取り扱う際には、1 格子点の分配関数として

$$Z = \exp\left(\frac{\mu_B H}{k_B T}\right) + \exp\left(-\frac{\mu_B H}{k_B T}\right)$$

を採用しており、エネルギー項として $-MH$ に相当する $\pm\mu_B H$ 項が H を変数として入っているのである。つまり、F を使用しているが、本来は

$$G = -k_B T \ln Z$$

と表記すべき式となっていることになる。

結局、分配関数 Z を求める際に、磁場のエネルギー項が含まれているので、$F=-k_{\mathrm{B}}T\ln Z$ という式を使えば、磁気モーメント M は

$$M=-\frac{\partial F}{\partial H}$$

と与えられることになるのである。

さらに、自由エネルギーを F や G と表記せずに

$$F=F(T,M) \qquad G=F(T,H)$$

と表記し、$F(T,M)$ は、変数を T と M とする自由エネルギー、$F(T,H)$ は変数を T と H とする自由エネルギーと考えると、表記の問題は回避され

$$F(T,H)=-k_{\mathrm{B}}T\ln Z(T,H)$$

という関係が得られる。もちろん、粒子数 N を取り入れれば

$$F(T,H,N)=-k_{\mathrm{B}}T\ln Z(T,H,N)$$

となる。

補遺 5-2　相転移における変化

物質の物理的性質あるいは化学的性質が一様な領域を**相** (phase) と呼ぶ。そして、物質がある相から別の相に変化することを**相転移** (phase transition) と呼んでいる。

日頃、われわれが目にするのは水の相転移である。水は、低温では**固体** (solid) の氷であるが、0°C で**液体** (liquid) の水となる。さらに、100°C 以上に加熱すると気体 (gas) の水蒸気となる。この変化が相転移である。そして、状態が変化する臨界の温度を**相転移温度** (phase transition temperature) と呼んでいる。**臨界温度** (critical temperature) と呼ぶこともある。水の場合で明らかなように、相転移温度は物質によって決まる物質定数である。ただし、この温度は圧力によって変化する。いま紹介した水の転移温度は、大気圧下での温度である。

実は、水の場合には、相が見た目で変化するのでわかりやすいが、一般の相転移は簡単にはわからない。鉄の磁性の変化は、磁気特性という物理的性質の変化によってわかる。強磁性状態では、磁石に引き寄せられる。

それでは、一般の物質の相転移はどのように判定すればよいのだろうか。ここで、紹介するのは自由エネルギーの変化である。相の安定性は、自由エネルギーによって決まる。一般には、体積が一定の場合、**ヘルムホルツの自由エネルギー** (Helmholtz free energy) の F が、圧力が一定の場合、**ギブスの自由エネルギー** (Gibbs free energy) の G が使われる。そして、それぞれの相で、温度変化が異なるので、相転移は、その温度依存性の変化によって判定することができる。

また、自由エネルギー F ならびに G の自然な変数は

$$F = F\,(T, V, N) \qquad G = G\,(T, P, N)$$

となる。ここで、T は温度、V は圧力、P は圧力、N は粒子数である。

磁性体の場合には

$$F = F\,(T, M, N) \qquad G = G\,(T, H, N)$$

のように、磁気モーメント M と磁場 H が変数となる。

異なる相が存在するとき、その自由エネルギーが最も低い相が安定となる。たとえば、水の大気圧下における氷、水、水蒸気の自由エネルギー G の温度変化は図 A5-1 のようになる。

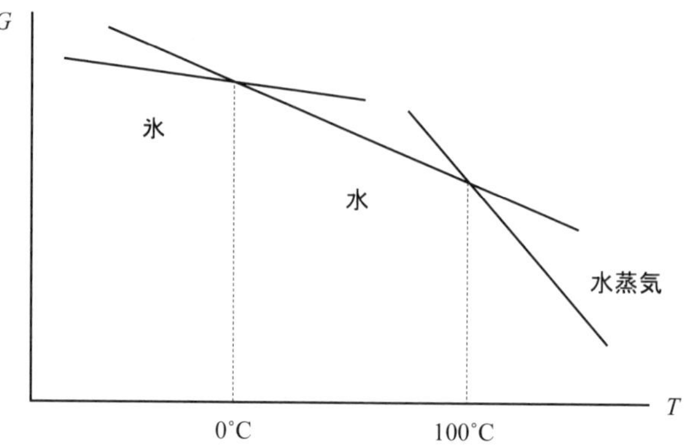

図 A5-1　水の相転移にともなう自由エネルギー G の温度変化の模式図。実際のグラフは直線ではなく曲線となる。これ以降のグラフも同様である。

図からも明らかなように、相転移の際には、自由エネルギー F ならびに G の温度変化の微分係数に変化が現れる。図 A5-2 に自由エネルギーの温度変化を示す。

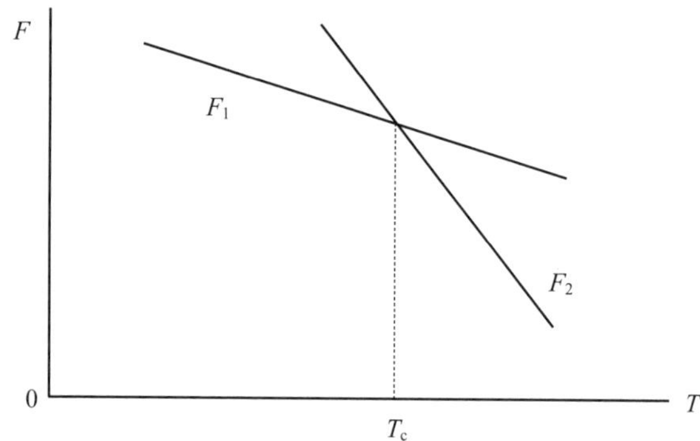

図 A5-2　1 次の相転移にともなう自由エネルギーF の変化。異なる相 1 ならびに相 2 に対応させて F_1, F_2 と表記している。

このとき、自由エネルギーの 1 階の微分係数に不連続な飛びが現れる転移を 1 **次の相転移** (first order phase transition) と呼ぶ。一方、2 階の微分係数に不連続な飛びが現れる場合を 2 **次の相転移** (second order phase transition) と呼ぶ。

ここで、エントロピー S は

$$S = -\frac{\partial F}{\partial T}$$

のように、自由エネルギーの 1 階の微分係数であるから、1 次の相転移では、図 A5-3 に示すように、飛びが生じることになる。水の相転移は、1 次の相転移である。このとき、相転移にともない**潜熱** (latent heat) が発生する。潜熱 L は

$$L = T_c (S_2 - S_1)$$

と与えられる。たとえば、氷を水に変化させるためには、熱を加える必要がある。また、水が水蒸気になる場合にも、1 [g] あたり 2557 [J] の熱を加えなければならない。これを**気化熱** (heat of evaporation) と呼んでいるが、潜熱のことである。夏の暑い日に、地面に水を撒くと気化熱によって地面から熱が奪われるため、暑さが緩和される。これが打ち水効果である。

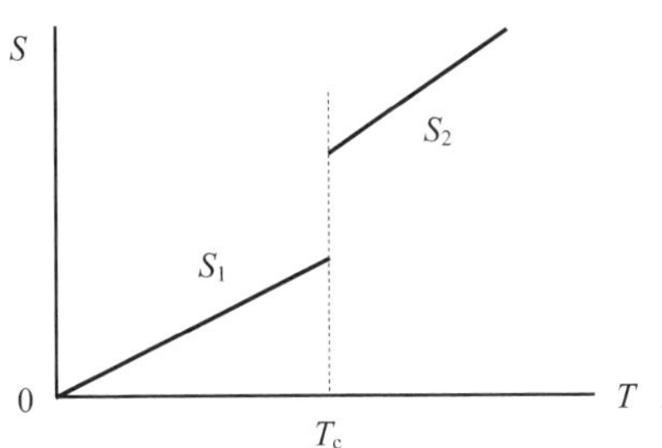

図 A5-3　1 次の相転移にともなうエントロピー S の温度変化。異なる相 1 ならびに相 2 に対応させて S_1, S_2 と表記している。転移温度 T_c において、S の飛びが観察される。

一方、2 次の相転移においては、エントロピーは連続であり、図 A5-4 に示すように、傾きだけが変化する。

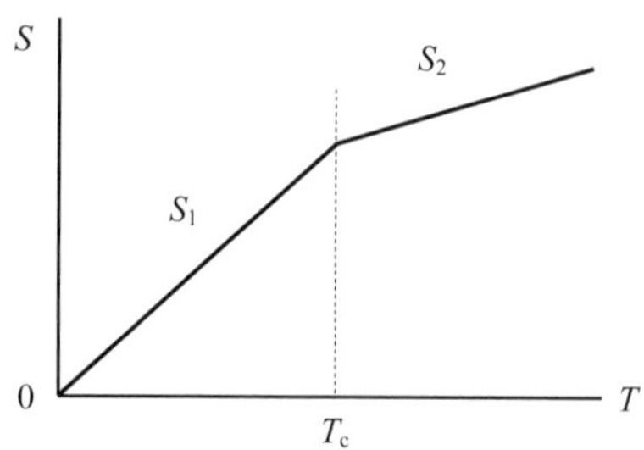

図 A5-4　2 次の相転移にともなうエントロピーS の温度変化。転移温度 T_c において、連続であるが、傾きが変化する。

一方、比熱は

$$C = T\frac{\partial S}{\partial T} = -T\frac{\partial^2 F}{\partial T^2}$$

と与えられ、自由エネルギーの 2 階微分の項を含むため、転移温度において、飛びが観察される。一般には、**カスプ** (cusp) と呼ばれる尖り「とがり」が観察される。

イジング模型の対象となる磁性体の場合には、その常磁性－強磁性転移は 2 次の相転移となることが知られている。したがって、そのエントロピーには、転移温度において傾きの変化が観察され、比熱にはカプスが生じる。

ただし、強磁性から常磁性への相転移では、自発磁化が転移点でゼロになる。よって、磁気モーメントの温度依存性を測定すれば、それがゼロになる点から転移温度を簡単に測定することができる。

補遺 5-3　固有値と固有ベクトル

A5. 1.　固有値と固有ベクトル

正方行列 $\tilde{\boldsymbol{A}}$ において

$$\tilde{\boldsymbol{A}}\,\vec{\boldsymbol{r}} = \lambda\,\vec{\boldsymbol{r}}$$

という関係を満たすベクトル $\vec{\boldsymbol{r}}$ とスカラー値 λ が存在するとき、ベクトル $\vec{\boldsymbol{r}}$ を行列 $\tilde{\boldsymbol{A}}$ の**固有ベクトル** (eigen vector)、λ を**固有値** (eigen value) と呼ぶ。

つまり、ベクトル $\vec{\boldsymbol{r}}$ に行列 $\tilde{\boldsymbol{A}}$ を作用させた結果、$\vec{\boldsymbol{r}}$ の方向は変化せずに、大きさだけが λ 倍になるという関係である。

ここで、2 次正方行列

$$\tilde{\boldsymbol{A}} = \begin{pmatrix} a_{11} & a_{12} \\ a_{21} & a_{22} \end{pmatrix}$$

を考える。一般には 2 個の固有値が存在するので λ_1 および λ_2 としよう。

このとき、固有値 λ_1 に対応する固有ベクトルを $\vec{\boldsymbol{r}}_1 = (x_1 \;\; y_1)$ とすると

$$\tilde{\boldsymbol{A}}\,\vec{\boldsymbol{r}}_1 = \lambda_1 \vec{\boldsymbol{r}}_1 \qquad \begin{pmatrix} a_{11} & a_{12} \\ a_{21} & a_{22} \end{pmatrix}\begin{pmatrix} x_1 \\ y_1 \end{pmatrix} = \lambda_1 \begin{pmatrix} x_1 \\ y_1 \end{pmatrix}$$

という関係が成立する。成分で書けば

$$\begin{pmatrix} a_{11}\,x_1 + a_{12}\,y_1 \\ a_{21}\,x_1 + a_{22}\,y_1 \end{pmatrix} = \begin{pmatrix} \lambda_1\,x_1 \\ \lambda_1\,y_1 \end{pmatrix}$$

となる。

同様にして、固有値 λ_2 に対応する固有ベクトルを $\vec{\boldsymbol{r}}_2 = (x_2 \;\; y_2)$ とすると

$$\tilde{\boldsymbol{A}}\,\vec{\boldsymbol{r}}_2 = \lambda_2\,\vec{\boldsymbol{r}}_2 \qquad \begin{pmatrix} a_{11} & a_{12} \\ a_{21} & a_{22} \end{pmatrix}\begin{pmatrix} x_2 \\ y_2 \end{pmatrix} = \lambda_2 \begin{pmatrix} x_2 \\ y_2 \end{pmatrix}$$

という関係が成立する。

ここで、固有ベクトルを列成分とする行列 $\tilde{\boldsymbol{P}}$ を考える。

$$\tilde{\boldsymbol{P}} = (\vec{\boldsymbol{r}}_1 \quad \vec{\boldsymbol{r}}_2) = \begin{pmatrix} x_1 & x_2 \\ y_1 & y_2 \end{pmatrix}$$

すると、行列 $\tilde{\boldsymbol{A}}$ と $\tilde{\boldsymbol{P}}$ の掛け算は

$$\tilde{\boldsymbol{A}}\tilde{\boldsymbol{P}} = \tilde{\boldsymbol{A}}(\vec{\boldsymbol{r}}_1 \quad \vec{\boldsymbol{r}}_2) = (\lambda_1\vec{\boldsymbol{r}}_1 \quad \lambda_2\vec{\boldsymbol{r}}_2)$$

あるいは

$$\tilde{\boldsymbol{A}}\tilde{\boldsymbol{P}} = \tilde{\boldsymbol{A}}\begin{pmatrix} x_1 & x_2 \\ y_1 & y_2 \end{pmatrix} = \begin{pmatrix} \lambda_1 x_1 & \lambda_2 x_2 \\ \lambda_1 y_1 & \lambda_2 y_2 \end{pmatrix}$$

となる。ここで

$$\begin{pmatrix} x_1 & x_2 \\ y_1 & y_2 \end{pmatrix}\begin{pmatrix} \lambda_1 & 0 \\ 0 & \lambda_2 \end{pmatrix} = \tilde{\boldsymbol{P}}\begin{pmatrix} \lambda_1 & 0 \\ 0 & \lambda_2 \end{pmatrix} = \begin{pmatrix} \lambda_1 x_1 & \lambda_2 x_2 \\ \lambda_1 y_1 & \lambda_2 y_2 \end{pmatrix}$$

から

$$\tilde{\boldsymbol{A}}\tilde{\boldsymbol{P}} = \begin{pmatrix} \lambda_1 x_1 & \lambda_2 x_2 \\ \lambda_1 y_1 & \lambda_2 y_2 \end{pmatrix} = \begin{pmatrix} x_1 & x_2 \\ y_1 & y_2 \end{pmatrix}\begin{pmatrix} \lambda_1 & 0 \\ 0 & \lambda_2 \end{pmatrix}$$

となり

$$\tilde{\boldsymbol{A}}\tilde{\boldsymbol{P}} = \tilde{\boldsymbol{P}}\begin{pmatrix} \lambda_1 & 0 \\ 0 & \lambda_2 \end{pmatrix}$$

という関係にあることがわかる。

上記の等式に、左から行列 $\tilde{\boldsymbol{P}}$ の逆行列 $\tilde{\boldsymbol{P}}^{-1}$ を作用させると

$$\tilde{\boldsymbol{P}}^{-1}\tilde{\boldsymbol{A}}\,\tilde{\boldsymbol{P}} = \tilde{\boldsymbol{P}}^{-1}\tilde{\boldsymbol{P}}\begin{pmatrix} \lambda_1 & 0 \\ 0 & \lambda_2 \end{pmatrix}$$

となる。ここで

$$\tilde{\boldsymbol{P}}^{-1}\tilde{\boldsymbol{P}} = \tilde{\boldsymbol{E}} = \begin{pmatrix} 1 & 0 \\ 0 & 1 \end{pmatrix}$$

であるから

$$\tilde{\boldsymbol{P}}^{-1}\tilde{\boldsymbol{A}}\,\tilde{\boldsymbol{P}} = \begin{pmatrix} \lambda_1 & 0 \\ 0 & \lambda_2 \end{pmatrix}$$

となる。

このように、固有ベクトルを列ベクトルとする行列 $\tilde{\boldsymbol{P}}$ を使えば、行列 $\tilde{\boldsymbol{A}}$ を**対角行列** (diagonal matrix) に変形できる。そして、対角成分が固有値となっている。

この操作を行列の**対角化** (diagonalization) と呼んでいる。

A5. 2.　固有方程式

固有ベクトルと固有値が求められれば､行列の対角化が可能であることがわかった。それでは、肝心の固有値はどうやって求めればよいのであろうか。

行列 $\tilde{\boldsymbol{A}}$ に対して

$$\tilde{\boldsymbol{A}}\,\vec{\boldsymbol{r}} = \lambda\,\vec{\boldsymbol{r}} \qquad \begin{pmatrix} a_{11} & a_{12} \\ a_{21} & a_{22} \end{pmatrix}\begin{pmatrix} x \\ y \end{pmatrix} = \lambda\begin{pmatrix} x \\ y \end{pmatrix}$$

の関係を満足するベクトル $\vec{\boldsymbol{r}} = (x, y)$ を固有ベクトル、λ を固有値と呼ぶのであった。ここで

$$\lambda\begin{pmatrix} x \\ y \end{pmatrix} = \begin{pmatrix} \lambda & 0 \\ 0 & \lambda \end{pmatrix}\begin{pmatrix} x \\ y \end{pmatrix} = \lambda\tilde{\boldsymbol{E}}\begin{pmatrix} x \\ y \end{pmatrix}$$

と変形でき

$$(\tilde{\boldsymbol{A}} - \lambda\tilde{\boldsymbol{E}})\,\vec{\boldsymbol{r}} = 0 \qquad \begin{pmatrix} a_{11}-\lambda & a_{12} \\ a_{21} & a_{22}-\lambda \end{pmatrix}\begin{pmatrix} x \\ y \end{pmatrix} = \begin{pmatrix} 0 \\ 0 \end{pmatrix}$$

となる。

これは、同次連立方程式である。この方程式が、$x = 0$ かつ $y = 0$ という自明解以外の解を持つ条件は、係数行列の行列式が 0 となることである。よって

$$\begin{vmatrix} a_{11}-\lambda & a_{12} \\ a_{21} & a_{22}-\lambda \end{vmatrix} = 0 \quad \text{あるいは} \quad \left|\,\tilde{\boldsymbol{A}} - \lambda\tilde{\boldsymbol{E}}\,\right| = 0$$

が条件となる。このようにして作られる方程式を**固有方程式** (eigen equation) あるいは**特性方程式** (characteristics equation) と呼んでいる。

そして、この方程式を解くことで、固有値を求めることができる。具体例の方がわかりやすいので、つぎの 2 次正方行列の固有値を求めてみよう。

$$\tilde{\boldsymbol{A}} = \begin{pmatrix} 4 & 1 \\ -2 & 1 \end{pmatrix}$$

固有値を λ とすると

$$\lambda\tilde{\boldsymbol{E}} - \tilde{\boldsymbol{A}} = \lambda\begin{pmatrix} 1 & 0 \\ 0 & 1 \end{pmatrix} - \begin{pmatrix} 4 & 1 \\ -2 & 1 \end{pmatrix} = \begin{pmatrix} \lambda-4 & -1 \\ 2 & \lambda-1 \end{pmatrix}$$

となる。固有方程式は

$$\begin{vmatrix} \lambda-4 & -1 \\ 2 & \lambda-1 \end{vmatrix} = (\lambda-4)(\lambda-1)+2 = \lambda^2-5\lambda+6 = (\lambda-2)(\lambda-3) = 0$$

となり、固有値として $\lambda=2,3$ が得られる。

つぎに固有ベクトルを求めてみよう。$\lambda=2$ に対応した固有ベクトル

$$\vec{\boldsymbol{r}}_1 = \begin{pmatrix} x_1 \\ y_1 \end{pmatrix}$$

は、$\tilde{\boldsymbol{A}}\,\vec{\boldsymbol{r}}_1 = 2\,\vec{\boldsymbol{r}}_1$ を満足するので

$$\begin{pmatrix} 4 & 1 \\ -2 & 1 \end{pmatrix}\begin{pmatrix} x_1 \\ y_1 \end{pmatrix} = 2\begin{pmatrix} x_1 \\ y_1 \end{pmatrix}$$

より

$$\begin{pmatrix} 2x_1+y_1 \\ -2x_1-y_1 \end{pmatrix} = \begin{pmatrix} 0 \\ 0 \end{pmatrix}$$

という条件式が課される。

0 ではない任意定数を t_1 とおくと、$x=t_1$, $y=-2t_1$ が一般解として得られる。よって、固有ベクトルには任意性があり

$$\vec{\boldsymbol{r}}_1 = t_1\begin{pmatrix} 1 \\ -2 \end{pmatrix}$$

と与えられる。

固有値 $\lambda=3$ に対応した固有ベクトル $\vec{\boldsymbol{r}}_2 = \begin{pmatrix} x_2 \\ y_2 \end{pmatrix}$ は $\tilde{\boldsymbol{A}}\,\vec{\boldsymbol{r}}_2 = 3\,\vec{\boldsymbol{r}}_2$ を満足するので

$$\begin{pmatrix} 4 & 1 \\ -2 & 1 \end{pmatrix}\begin{pmatrix} x_2 \\ y_2 \end{pmatrix} = 3\begin{pmatrix} x_2 \\ y_2 \end{pmatrix}$$

より

$$\begin{pmatrix} x_2+y_2 \\ -2x_2-2y_2 \end{pmatrix} = \begin{pmatrix} 0 \\ 0 \end{pmatrix}$$

の条件式が課される。

0 ではない任意定数を t_2 とおくと $x=t_2$, $y=-t_2$ が一般解として得られる。よって固有ベクトルは

$$\vec{\boldsymbol{r}}_2 = t_2\begin{pmatrix} 1 \\ -1 \end{pmatrix}$$

となる。

行列の固有値と、固有ベクトルを求めることができたので、対角化を行ってみよう。ここで、t_1, t_2 は任意であるので、それぞれ 1 とおいて

$$\tilde{\boldsymbol{P}} = (\vec{\boldsymbol{r}}_1 \quad \vec{\boldsymbol{r}}_2) = \begin{pmatrix} 1 & 1 \\ -2 & -1 \end{pmatrix}$$

という変換行列をつくる。2 次正方行列

$$\tilde{\boldsymbol{A}} = \begin{pmatrix} a & b \\ c & d \end{pmatrix}$$

の逆行列は

$$\tilde{\boldsymbol{A}}^{-1} = \frac{1}{ad-bc}\begin{pmatrix} d & -b \\ -c & a \end{pmatrix}$$

と与えられるので

$$\tilde{\boldsymbol{P}}^{-1} = \frac{1}{-1+2}\begin{pmatrix} -1 & -1 \\ 2 & 1 \end{pmatrix} = \begin{pmatrix} -1 & -1 \\ 2 & 1 \end{pmatrix}$$

となる。

これらの行列を使ってつぎの操作を行うと

$$\tilde{\boldsymbol{P}}^{-1}\tilde{\boldsymbol{A}}\tilde{\boldsymbol{P}} = \begin{pmatrix} -1 & -1 \\ 2 & 1 \end{pmatrix}\begin{pmatrix} 4 & 1 \\ -2 & 1 \end{pmatrix}\begin{pmatrix} 1 & 1 \\ -2 & -1 \end{pmatrix} = \begin{pmatrix} -2 & -2 \\ 6 & 3 \end{pmatrix}\begin{pmatrix} 1 & 1 \\ -2 & -1 \end{pmatrix} = \begin{pmatrix} 2 & 0 \\ 0 & 3 \end{pmatrix}$$

となり、確かに対角化することができる。また、対角行列の対角成分は固有値となっている。

A5. 3.　行列のべき乗

対角行列の n 乗は

$$\begin{pmatrix} \lambda_1 & 0 \\ 0 & \lambda_2 \end{pmatrix}^n = \begin{pmatrix} \lambda_1{}^n & 0 \\ 0 & \lambda_2{}^n \end{pmatrix}$$

となり、計算が簡単である。

ただし、われわれが欲しいのは、対角化する前の $\tilde{\boldsymbol{A}}$ のべき乗の $\tilde{\boldsymbol{A}}^n$ である。ここでは

$$\tilde{\boldsymbol{A}} = \tilde{\boldsymbol{P}} \begin{pmatrix} \lambda_1 & 0 \\ 0 & \lambda_2 \end{pmatrix} \tilde{\boldsymbol{P}}^{-1}$$

という関係を利用する。すると、行列 $\tilde{\boldsymbol{A}}$ の $\boldsymbol{n}$ 乗は

$$\tilde{\boldsymbol{A}}^n = \underbrace{\tilde{\boldsymbol{P}} \begin{pmatrix} \lambda_1 & 0 \\ 0 & \lambda_2 \end{pmatrix} \tilde{\boldsymbol{P}}^{-1} \tilde{\boldsymbol{P}} \begin{pmatrix} \lambda_1 & 0 \\ 0 & \lambda_2 \end{pmatrix} \tilde{\boldsymbol{P}}^{-1} \tilde{\boldsymbol{P}} \cdots \tilde{\boldsymbol{P}}^{-1} \tilde{\boldsymbol{P}} \begin{pmatrix} \lambda_1 & 0 \\ 0 & \lambda_2 \end{pmatrix} \tilde{\boldsymbol{P}}^{-1}}_{n}$$

となる。ここで

$$\tilde{\boldsymbol{P}}^{-1} \tilde{\boldsymbol{P}} = \tilde{\boldsymbol{E}}$$

であるから、結局

$$\tilde{\boldsymbol{A}}^n = \tilde{\boldsymbol{P}} \underbrace{\begin{pmatrix} \lambda_1 & 0 \\ 0 & \lambda_2 \end{pmatrix} \begin{pmatrix} \lambda_1 & 0 \\ 0 & \lambda_2 \end{pmatrix} \cdots \begin{pmatrix} \lambda_1 & 0 \\ 0 & \lambda_2 \end{pmatrix}}_{n} \tilde{\boldsymbol{P}}^{-1} = \tilde{\boldsymbol{P}} \begin{pmatrix} \lambda_1 & 0 \\ 0 & \lambda_2 \end{pmatrix}^n \tilde{\boldsymbol{P}}^{-1}$$

となり、行列の $\boldsymbol{n}$ 乗は

$$\tilde{\boldsymbol{A}}^n = \tilde{\boldsymbol{P}} \begin{pmatrix} {\lambda_1}^n & 0 \\ 0 & {\lambda_2}^n \end{pmatrix} \tilde{\boldsymbol{P}}^{-1}$$

という関係を使って計算できることになる。

ここで、具体的に $\tilde{\boldsymbol{A}} = \begin{pmatrix} 4 & 1 \\ -2 & 1 \end{pmatrix}$ のとき $\tilde{\boldsymbol{A}}^n$ を計算してみよう。この行列の対角化操作は

$$\tilde{\boldsymbol{P}}^{-1} \tilde{\boldsymbol{A}} \tilde{\boldsymbol{P}} = \begin{pmatrix} 2 & 0 \\ 0 & 3 \end{pmatrix}$$

であったので

$$(\tilde{\boldsymbol{P}}^{-1} \tilde{\boldsymbol{A}} \tilde{\boldsymbol{P}})^n = \begin{pmatrix} 2 & 0 \\ 0 & 3 \end{pmatrix}^n = \begin{pmatrix} 2^n & 0 \\ 0 & 3^n \end{pmatrix}$$

となり

$$\tilde{\boldsymbol{A}}^n = \tilde{\boldsymbol{P}} \begin{pmatrix} 2^n & 0 \\ 0 & 3^n \end{pmatrix} \tilde{\boldsymbol{P}}^{-1}$$

となる。したがって

$$\tilde{\boldsymbol{A}}^n = \begin{pmatrix} 1 & 1 \\ -2 & -1 \end{pmatrix} \begin{pmatrix} 2^n & 0 \\ 0 & 3^n \end{pmatrix} \begin{pmatrix} -1 & -1 \\ 2 & 1 \end{pmatrix} = \begin{pmatrix} 1 & 1 \\ -2 & -1 \end{pmatrix} \begin{pmatrix} -2^n & -2^n \\ 2 \cdot 3^n & 3^n \end{pmatrix}$$

$$= \begin{pmatrix} 2\cdot 3^n - 2^n & 3^n - 2^n \\ -2\cdot 3^n + 2^{n+1} & -3^n + 2^{n+1} \end{pmatrix}$$

となる。

このように、行列の対角化ができれば、それを利用して、もとの行列のべき乗を計算することができる。

A5. 4.　固有ベクトルの正規化

2 次正方行列

$$\tilde{\boldsymbol{A}} = \begin{pmatrix} 4 & 1 \\ -2 & 1 \end{pmatrix}$$

の固有ベクトルは t_1, t_2 を任意の定数として

$$\vec{\boldsymbol{r}}_1 = t_1\begin{pmatrix} 1 \\ -2 \end{pmatrix} \qquad \vec{\boldsymbol{r}}_2 = t_2\begin{pmatrix} 1 \\ -1 \end{pmatrix}$$

と与えられる。

定数の t_1 , t_2 は任意であるため、固有ベクトルの大きさを 1 とする正規化もよく行われる。固有ベクトルの大きさは

$$|\vec{\boldsymbol{r}}_1| = |t_1|\sqrt{1^2 + (-2)^2} = \sqrt{5}\ |t_1|$$

であるから、大きさ 1 に正規化すると

$$\vec{\boldsymbol{e}}_1 = \frac{\vec{\boldsymbol{r}}_1}{|\vec{\boldsymbol{r}}_1|} = \frac{1}{\sqrt{5}}\begin{pmatrix} 1 \\ -2 \end{pmatrix}$$

となる。これを**正規化固有ベクトル** (normalized eigenvector) と呼んでいる。

つぎの固有ベクトル $\vec{\boldsymbol{r}}_2 = t_2\begin{pmatrix} 1 \\ -1 \end{pmatrix}$ は、大きさが

$$|\vec{\boldsymbol{r}}_2| = |t_2|\sqrt{1^2 + (-1)^2} = \sqrt{2}\ |t_2|$$

であるので、正規化固有ベクトルは

$$\vec{\boldsymbol{e}}_2 = \frac{\vec{\boldsymbol{r}}_2}{|\vec{\boldsymbol{r}}_2|} = \frac{1}{\sqrt{2}}\begin{pmatrix} 1 \\ -1 \end{pmatrix}$$

となる。ここで、正規化ベクトルを列に並べて

$$\tilde{\boldsymbol{U}} = (\vec{\boldsymbol{e}}_1 \quad \vec{\boldsymbol{e}}_2) = \begin{pmatrix} 1/\sqrt{5} & 1/\sqrt{2} \\ -2/\sqrt{5} & -1/\sqrt{2} \end{pmatrix}$$

という行列をつくる。この逆行列は

$$\tilde{\boldsymbol{U}}^{-1} = \begin{pmatrix} -\sqrt{5} & -\sqrt{5} \\ 2\sqrt{2} & \sqrt{2} \end{pmatrix}$$

である。これらを使って、対角化を行うと

$$\tilde{\boldsymbol{U}}^{-1}\tilde{\boldsymbol{A}}\tilde{\boldsymbol{U}} = \begin{pmatrix} -\sqrt{5} & -\sqrt{5} \\ 2\sqrt{2} & \sqrt{2} \end{pmatrix} \begin{pmatrix} 4 & 1 \\ -2 & 1 \end{pmatrix} \begin{pmatrix} 1/\sqrt{5} & 1/\sqrt{2} \\ -2/\sqrt{5} & -1/\sqrt{2} \end{pmatrix}$$

$$= \begin{pmatrix} -\sqrt{5} & -\sqrt{5} \\ 2\sqrt{2} & \sqrt{2} \end{pmatrix} \begin{pmatrix} 2/\sqrt{5} & 3/\sqrt{2} \\ -4/\sqrt{5} & -3/\sqrt{2} \end{pmatrix} = \begin{pmatrix} 2 & 0 \\ 0 & 3 \end{pmatrix}$$

となる。

確かに対角化可能であり、対角行列の対角成分は固有値となっている。

A5. 5.　対称行列の対角化

対角線に沿って対称位置にある成分が同じ行列のことを**対称行列** (symmetric matrix) と呼んでいる。2 次の対称行列 $\tilde{\boldsymbol{S}}$ の一般式は

$$\tilde{\boldsymbol{S}} = \begin{pmatrix} a & b \\ b & c \end{pmatrix}$$

となる。対称行列では、その**転置行列** (transposed matrix) がもとの行列に一致し

$${}^t\tilde{\boldsymbol{S}} = \tilde{\boldsymbol{S}}$$

となる。

さらに、対称行列の固有ベクトルを正規直交化すると、この基底からつくられる行列は**直交行列** (orthogonal matrix) となる。

直交行列には、その転置行列が逆行列となるという性質があるのである。

それでは、2 次の対称行列において $a = c$ と置いた

$$\tilde{\boldsymbol{S}} = \begin{pmatrix} a & b \\ b & a \end{pmatrix}$$

の固有値を求めてみよう。この行列の固有方程式は $\left|\lambda\vec{\boldsymbol{E}} - \vec{\boldsymbol{S}}\right| = 0$ より

$$\begin{vmatrix} \lambda - a & -b \\ -b & \lambda - a \end{vmatrix} = (\lambda - a)^2 - b^2 = (\lambda - a + b)(\lambda - a - b) = 0$$

となる。よって、固有値は

$$\lambda = a + b,\ a - b$$

となる。

対称行列 $\tilde{\boldsymbol{S}}$ の固有値 $\lambda = a + b$ に対応した正規化固有ベクトルを求めてみよう。固有ベクトルを $\vec{\boldsymbol{r}} = (x \quad y)$ とすると

$$\tilde{\boldsymbol{S}}\vec{\boldsymbol{r}} = \begin{pmatrix} a & b \\ b & a \end{pmatrix}\begin{pmatrix} x \\ y \end{pmatrix} = (a+b)\vec{\boldsymbol{r}} = (a+b)\begin{pmatrix} x \\ y \end{pmatrix}$$

より

$$\begin{pmatrix} ax + by \\ bx + ay \end{pmatrix} = \begin{pmatrix} ax + bx \\ ay + by \end{pmatrix} \qquad \text{から} \qquad \begin{pmatrix} -bx + by \\ bx - by \end{pmatrix} = \begin{pmatrix} 0 \\ 0 \end{pmatrix}$$

よって $x = y$ から、任意の定数を t として固有ベクトルは

$$\vec{\boldsymbol{r}} = t\begin{pmatrix} 1 \\ 1 \end{pmatrix}$$

となる。ここで

$$\left|\vec{\boldsymbol{r}}\right| = t\sqrt{1^2 + 1^2} = \sqrt{2}\,t$$

から、$\left|\vec{\boldsymbol{r}}\right| = 1$ の正規化固有ベクトル $\vec{\boldsymbol{u}}$ は

$$\vec{\boldsymbol{u}} = \frac{1}{\sqrt{2}}\begin{pmatrix} 1 \\ 1 \end{pmatrix}$$

となる。

つぎに固有値 $\lambda = a - b$ の固有ベクトル $\vec{\boldsymbol{r}}$ が満足すべき条件は

$$\tilde{\boldsymbol{S}}\,\vec{\boldsymbol{r}} = \begin{pmatrix} a & b \\ b & a \end{pmatrix}\begin{pmatrix} x \\ y \end{pmatrix} = (a-b)\,\vec{\boldsymbol{r}} = (a-b)\begin{pmatrix} x \\ y \end{pmatrix}$$

より

$$\begin{pmatrix} ax+by \\ bx+ay \end{pmatrix} = \begin{pmatrix} ax-bx \\ ay-by \end{pmatrix} \quad \text{から} \quad \begin{pmatrix} bx+by \\ bx+by \end{pmatrix} = \begin{pmatrix} 0 \\ 0 \end{pmatrix}$$

よって $x=-y$ から、任意の定数を t として

$$\vec{\boldsymbol{r}} = t\begin{pmatrix} -1 \\ 1 \end{pmatrix}$$

となるので、正規化して

$$\vec{\boldsymbol{v}} = \frac{1}{\sqrt{2}}\begin{pmatrix} -1 \\ 1 \end{pmatrix}$$

となる。ここで、ベクトル $\vec{\boldsymbol{u}}$ と $\vec{\boldsymbol{v}}$ の内積をとってみよう。すると

$$\vec{\boldsymbol{u}}\cdot\vec{\boldsymbol{v}} = \frac{1}{2}(1 \quad 1)\begin{pmatrix} -1 \\ 1 \end{pmatrix} = 0$$

となって直交することがわかる。

対称行列 $\tilde{\boldsymbol{S}}$ の正規化固有ベクトルからなる変換行列は

$$\tilde{\boldsymbol{U}} = (\vec{\boldsymbol{u}} \quad \vec{\boldsymbol{v}}) = \begin{pmatrix} 1/\sqrt{2} & -1/\sqrt{2} \\ 1/\sqrt{2} & 1/\sqrt{2} \end{pmatrix}$$

となる。この逆行列は

$$\tilde{\boldsymbol{U}}^{-1} = \frac{1}{1/2+1/2}\begin{pmatrix} 1/\sqrt{2} & 1/\sqrt{2} \\ -1/\sqrt{2} & 1/\sqrt{2} \end{pmatrix} = \begin{pmatrix} 1/\sqrt{2} & 1/\sqrt{2} \\ -1/\sqrt{2} & 1/\sqrt{2} \end{pmatrix}$$

となり、直交行列の性質である

$$\tilde{\boldsymbol{U}}^{-1} = {}^{t}\tilde{\boldsymbol{U}}$$

を満足することが確かめられる。

ここで、対称行列の対角化を行ってみよう。すると

$$\tilde{\boldsymbol{U}}^{-1}\tilde{\boldsymbol{S}}\tilde{\boldsymbol{U}} = \frac{1}{\sqrt{2}}\begin{pmatrix} 1 & 1 \\ -1 & 1 \end{pmatrix}\begin{pmatrix} a & b \\ b & a \end{pmatrix}\frac{1}{\sqrt{2}}\begin{pmatrix} 1 & -1 \\ 1 & 1 \end{pmatrix} = \begin{pmatrix} a+b & 0 \\ 0 & a-b \end{pmatrix}$$

となり、対角成分は固有値となる。

第 6 章　磁気相転移

世の中には、先端科学で説明できない事象がたくさんある。その代表が**相転移** (phase transition) である。水は、H_2O という化学式を有する分子である。水素 (hydrogen : H) の原子 2 個と酸素 (oxygen : O) の原子 1 個からなる単純な構造をしている。ただし、水分子 1 個では相転移は生じない。これは、相転移には水分子どうしの相互作用が必要であることを意味している。それでは、水分子が何個集まれば相転移が生じるのだろうか。実は、これも謎のままである。

統計力学は、ミクロ粒子集団の特性から、マクロな熱力学関数を説明するという重要な学問である。それならば、相転移にも威力を発揮しそうであるが、どうであろうか。実は、道半ばというよりは、その端緒にようやく着手したというのが現状なのである。

第 5 章では、磁性が関与する相互作用を理解するために、1 次元のイジング模型を紹介した。ただし、1 次元モデルでは相転移が生じない。実は、相転移現象が生じるためには、2 次元以上が必要となる。

そこで、本章では、2 次元のイジング模型を用いてスピン系の解析を進め、相転移現象を見ていくことにする。

6. 1.　イジング模型

6. 1. 1.　1 次元モデル

1 次元のイジング模型を振り返ってみよう。格子点が 1 列に並んでおり、各格子点には上向きと下向きのスピンがある。そして、交換相互作用によって隣どうしのスピンが同じ方向を向くとき、J だけエネルギーが低下すると仮定する。また、互いに相互作用を及ぼし合うのは隣接している格子点に限られるものとする。

ここで、1 次元イジング模型において、図 6-1 に示すように、スピンの向きが

1個反転した場合を考えてみよう。すると、その両隣りの格子点とのエネルギーがそれぞれ J だけ上昇するので、結局、$2J$ だけエネルギーが上昇し、この状態は、スピンがすべて同じ方向を向いた基底状態よりも不安定となる。

図 6-1 1次元イジング模型における格子間の相互作用。交換相互作用は隣接するスピン間にのみ働く。

それでは、さらに反転スピンの数が増えて、図 6-2 のようになったとしたらどうだろうか。この場合、隣接する格子でスピンが反転しているのは2箇所と変わらない。よって、エネルギー上昇も $2J$ と変わらないので、エネルギー変化が生じない。これが、1次元イジング模型では相転移が生じない理由である。

図 6-2 1次元イジング模型において、反転スピンのドメインが増加した場合の模式図。

6. 1. 2.　2 次元モデル

それでは、2次元モデルではどうなるであろうか。1次元イジング模型では、隣接格子点は左右の2個しかないが、2次元の格子点では、上下左右を含めて4個の隣接格子点を有する。この数を**配位数** (coordination number : C_N) と呼ぶ。1次元格子の配位数は $C_N = 2$ であるが、4個の格子点が正方形を形成する **2 次元正方格子** (two dimensional square lattice) の配位数は $C_N = 4$ となる。

ここで、図 6-3 に示すように、2次元正方格子において、すべての格子点が上向きスピンの基底状態から1個の格子のスピンを反転させたとしよう。すると、隣接する4個の格子点との相互作用により $4J$ だけエネルギーが上昇する。

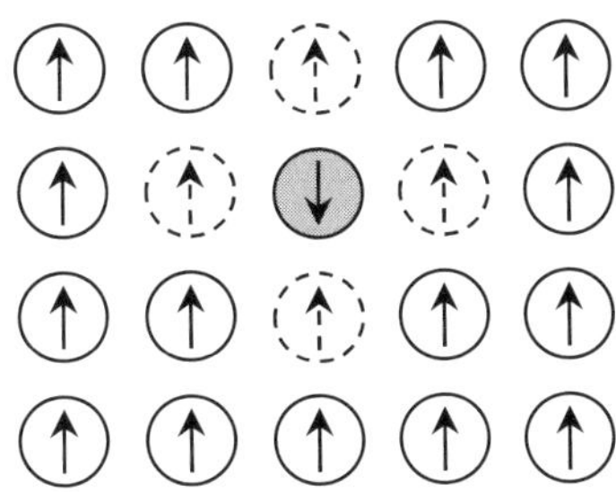

図 6-3　2 次元イジング模型のスピン配列。1 個のスピンが反転すると、隣接する 4 個の格子点との相互作用により $4J$ だけエネルギーが上昇する。

つぎに、図 6-4 に示すように、2 次元正方格子において、すべての格子点が上向きスピンの基底状態から、今度は、2 個の格子のスピンが反転したとしよう。すると、この場合は、隣接する 6 個の格子点との相互作用により $6J$ だけエネルギーが上昇することになる。

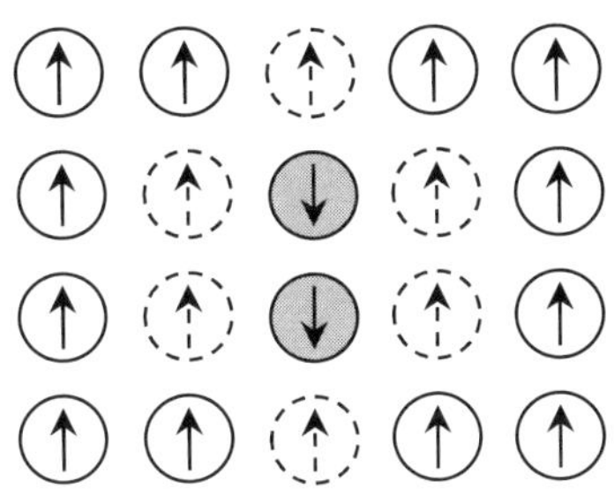

図 6-4　2 次元イジング模型において 2 個のスピンが反転した様子

このように、1 次元系では、スピンが反転する領域が増えても、エネルギーは変化しないが、2 次元以上の系では、スピン反転領域が増大すると、エネルギーが変化する。これが、相転移が生じる原因となる。ただし、このままでは相転移が生じるかどうかは、まだわからない。より具体的なエネルギー解析を行い、相転移点で明確な差が生じることを確認する必要がある。

6.2. 2次元イジング模型のエネルギー

ここで、格子点のスピン変数を σ_i としよう。イジング模型では

$$\sigma_i = \pm 1$$

となり、上向きスピン↑が $+1$、下向きスピン↓が -1 とする。このとき、スピンの相互作用に対応したエネルギーは

$$-J\sum_{(i,k)}\sigma_i\sigma_k$$

となる。ただし、J は交換相互作用定数である。

ここで、k は注目している格子点 i に隣接する格子点であり、2次元正方格子では $C_N = 4$ であるので4個の和をとることになる。そして、1個あたりスピン変数は ± 1 の2通りあるので、全部で 2^4 通りの組合せの和となる。1次元モデルでは、$2^2 = 4$ 通りであったので 2×2 行列を使って対処したが、2次元モデルでは、はるかに複雑となる。

さらに、各格子点における磁気モーメント $\mu_B H$ のエネルギーも取り入れると、系の全エネルギーは

$$E = -J\sum_{(i,k)}\sigma_i\sigma_k - \mu_B H\sum_{i=1}^{N}\sigma_i$$

となる。ただし、H は外部磁場である。

2次元イジング模型において、可能なエネルギー状態を E_r とすると、この系のスピン配列に関する分配関数は

$$Z = \sum_r \exp\left(-\frac{E_r}{k_B T}\right) = \sum_r \exp(-\beta E_r)$$

となる。

ただし、すべての E_r を取り入れようとすると、エネルギー項は莫大な項数となる。そこで、分配関数を求めるには工夫が必要になる。

6.3. 平均場近似

ここで、格子点のなかの1点である i サイトに注目し、そのエネルギーを考えてみよう。この点での局所的なエネルギーは

$$\varepsilon_i = -J\sum_{k=1}^{C_N}\sigma_k\sigma_i - \mu_B H\sigma_i$$

と与えられる。

ただし、C_N は配位数、σ_k は i サイトに隣接する格子点のスピン変数である。

演習 6-1　ε_i を以下のように置いたときの H^* の値を求めよ。

$$\varepsilon_i = -\mu_B H^*\sigma_i$$

解）

$$\varepsilon_i = -J\sum_{k=1}^{C_N}\sigma_k\sigma_i - \mu_B H\sigma_i = -J\left(\sum_{k=1}^{C_N}\sigma_k - \mu_B H\right)\sigma_i$$

と変形できるので

$$H^* = \frac{J}{\mu_B}\sum_{k=1}^{C_N}\sigma_k + H$$

となる。

ここで、H^* の意味を考えてみよう。両辺に μ_B を乗じると

$$\mu_B H^* = J\sum_{k=1}^{C_N}\sigma_k + \mu_B H$$

となる。このとき、$\sum_{k=1}^{C_N}\sigma_k$ は、格子点 i のまわりの C_N 個のスピン変数の和である。よって

$$m = \frac{1}{C_N}\sum_{k=1}^{C_N}\sigma_k$$

と置くと、m はスピン変数の平均となる。この m を使えば

$$\mu_B H^* = C_N J m + \mu_B H$$

と与えられる（磁化の m とは異なることに注意されたい）。

H^* は外部磁場 H と格子点のまわりのスピンの影響による磁場を合成したものであり、**有効磁場** (effective magnetic field) あるいは**分子場** (molecular field) と呼

ばれている。また、このような近似を**平均場近似** (mean field approximation) あるいは**分子場近似** (molecular field approximation) と呼んでいる。この近似によって、i サイトの格子点の分配関数は

$$z_i = \sum_{\sigma_i=\pm1} \exp\left(-\frac{\mu_B H^* \sigma_i}{k_B T}\right) = \exp\left(-\frac{\mu_B H^*}{k_B T}\right) + \exp\left(+\frac{\mu_B H^*}{k_B T}\right)$$

のように簡単となる。

そして、H^* は、すべての格子点に共通であるから、z_i は系の 1 粒子分配関数 z_1 として使えることになる。よって、系の分配関数は

$$Z = {z_1}^N = \left\{\exp\left(-\frac{\mu_B H^*}{k_B T}\right) + \exp\left(+\frac{\mu_B H^*}{k_B T}\right)\right\}^N$$

と与えられることになる。

演習 6-2 1 格子点の分配関数からヘルムホルツの自由エネルギー f_1 の値を求めよ。

解) 1 格子点の分配関数は

$$z_1 = \exp\left(-\frac{\mu_B H^*}{k_B T}\right) + \exp\left(+\frac{\mu_B H^*}{k_B T}\right) = 2\cosh\left(\frac{\mu_B H^*}{k_B T}\right)$$

となる。したがって、対応するヘルムホルツの自由エネルギー f_1 は

$$f_1 = -k_B T \ln z_1 = -k_B T \ln\left\{2\cosh\left(\frac{\mu_B H^*}{k_B T}\right)\right\}$$

となる。

第 5 章で紹介したように、ヘルムホルツの自由エネルギーが与えられれば、磁気モーメントを求めることができる。

ここで、格子点の平均磁気モーメントは $\mu_B m$ となる。m は格子点におけるスピン変数の平均であり、それに、磁気モーメントの単位 μ_B を乗じれば、その平均値が得られることになる。したがって

$$\mu_B m = -\frac{\partial f_1}{\partial H}$$

という関係が得られる。

演習 6-3　$\partial f_1 / \partial H$ の値を計算し、格子点の平均磁気モーメント $\mu_B m$ の値を求めよ。

解）　H^* は H の関数である。よって

$$f_1 = f_1(T,H) = -k_B T \ln\left\{2\cosh\left(\frac{\mu_B H^*}{k_B T}\right)\right\}$$

を H で偏微分すると

$$\frac{\partial}{\partial H}\left[f_1(T,H)\right] = -k_B T\left\{2\frac{\mu_B}{k_B T}\sinh\left(\frac{\mu_B H^*}{k_B T}\right)\middle/ 2\cosh\left(\frac{\mu_B H^*}{k_B T}\right)\right\} = -\mu_B \tanh\left(\frac{\mu_B H^*}{k_B T}\right)$$

となる。よって

$$\mu_B m = -\frac{\partial f_1}{\partial H} = \mu_B \tanh\left(\frac{\mu_B H^*}{k_B T}\right)$$

となる。

ここで

$$\mu_B H^* = C_N J\, m + \mu_B H$$

から

$$H^* = \frac{C_N J\, m}{\mu_B} + H$$

を代入すると

$$m = \tanh\left\{\frac{\mu_B}{k_B T}\left(H + \frac{C_N J\, m}{\mu_B}\right)\right\}$$

という関係が得られる。

ここでは、磁場が印加されていない状態を考えてみる。すると $H=0$ であるから

$$m = \tanh\left(\frac{C_N J\, m}{k_B T}\right)$$

という方程式となる。

ここで、m の意味を復習してみよう。m はある格子点に隣接する格子点のスピン変数の平均であった。よって、スピンの向きがランダムであれば 0 となる。通常の常磁性体であれば、磁場 H がなければ、上向きスピンと下向きスピンが同数となるので磁化は 0 となり、m は 0 となるはずである。一方、$m \neq 0$ であれば、2 次元イジング模型が磁気モーメントを有することを意味する。磁場がなくとも材料が磁気モーメントを有するとき、**自発磁化** (spontaneous magnetization) と呼んでいる。それでは、この方程式を解いてみよう。

ところで、この式のように両辺に変数 m が入っている式を**自己無撞着方程式** (self-consistent equation) と呼んでいる。英語名を使ってセルフコンシステント方程式と呼ぶ場合も多い。

実は、一般には、セルフコンシステント方程式を解析的に解くことはできない。それでは、どうするかというと、グラフを利用して解を求めるのである。

それは、図 6-5 に示すように

$$y = m \qquad と \qquad y = \tanh\left(\frac{C_N J m}{k_B T}\right)$$

のふたつのグラフを m-y 座標に描く。すると、その交点の m 座標が方程式の解を与えることになる。

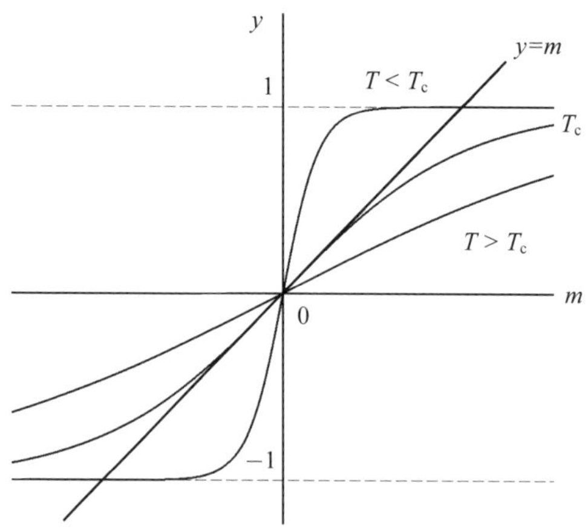

図 6-5　$y = \tanh(C_N Jm/k_B T)$ と $y = m$ のグラフ

まず、これらのグラフは、常に $m = 0$ に交点を有することがわかる。よって、$m = 0$ がひとつの解となる。

これは、磁気モーメントのない状態であり自明解である。われわれが興味があるのは、これ以外の解が存在するかどうかである。

実は、図に示すように、温度 T によって

$$y = \tanh\left(\frac{C_N J m}{k_B T}\right)$$

の様子が大きく変化する。

このとき、T が高いと、なめらかな傾きを呈し、交点は $m = 0$ のみとなる。これは系の平均磁気モーメントが 0 となる状態である。

6. 4.　磁気相転移

一方、温度 T が低下すると、図 6-5 に示すように、グラフは**変曲点** (inflection point) を有するようになり、ある温度（これを T_c と置く）を境に、$m \neq 0$ の有限の値の交点 m を持つようになる。

格子点の平均磁気モーメント $\mu_B m$ が 0 ではないということは、系が自発磁化を持つことを示している。これは、スピンが同じ方向を向いた場合に、交換相互作用によって J だけエネルギーが低下することに起因している。これが相転移である。

そして、この T_c が**相転移温度** (phase transition temperature) となる。転移温度を境に系は、**常磁性状態** (paramagnetic state) から**強磁性状態** (ferromagnetic state) に相転移することになる。

さらに、$T \to 0$ の極限では

$$m = \pm 1$$

すなわち

$$\mu_B m = \pm \mu_B$$

となり、すべてのスピンが＋あるいは－の方向を向くことになる。

このように、1 次元のイジング模型では相転移は認められないが、2 次元以上のイジング模型では相転移を示すのである。この発見は、統計力学の金字塔と呼ばれている。

これを別な視点で見てみよう。$\tanh x$ を級数展開すると

$$\tanh x = x - \frac{1}{3}x^3 + ...$$

となる。高温では

$$x = \frac{C_N J m}{k_B T} << 1$$

となるから、x^3 以上の項は無視することができる。よって、 $\tanh x \cong x$ と置けるので

$$m = \frac{C_N J m}{k_B T}$$

となる。

この等式が成立するのは

$$\frac{C_N J}{k_B T} = 1 \qquad \text{あるいは} \qquad m = 0$$

のときであるが、任意の温度 T で成立するのは $m = 0$ のときだけである。これは磁化のない常磁性状態に対応する。

一方、低温では 3 次の項が無視できなくなる。このとき、第 2 項までとれば

$$m = \frac{C_N J m}{k_B T} - \frac{1}{3}\left(\frac{C_N J m}{k_B T}\right)^3$$

となる。よって

$$\left(\frac{C_N J}{k_B T}\right)^3 m^3 = 3m\left(\frac{C_N J}{k_B T} - 1\right)$$

となる。

演習 6-4 表記のセルフコンシステント方程式が自明解 $m = 0$ 以外の実数解 $m \neq 0$ を有する場合の温度限界を求めよ。

解) $m \neq 0$ であるから、方程式の両辺を m で除すことができ

$$\left(\frac{C_N J}{k_B T}\right)^3 m^2 = 3\left(\frac{C_N J}{k_B T} - 1\right)$$

となる。

ここで m が実数解を有するためには、右辺が正でなければならず

$$\frac{C_N J}{k_B T} \geq 1 \qquad\qquad T \leq \frac{C_N J}{k_B}$$

という条件が付与される。

そして、m が解を有する限界の温度を T_c と置くと

$$T_c = \frac{C_N J}{k_B}$$

と与えられる。

実は、これが常磁性から強磁性に転移する相転移温度であり、キュリー温度である。この結果は、配位数 C_N が大きくなれば、転移温度が高くなることを示している。

演習 6-5　臨界温度 T_c に対応した m の値を求めよ。

解）　$T_c = C_N J / k_B$ をセルフコンシステント方程式

$$\left(\frac{C_N J}{k_B T}\right)^3 m^3 = 3m\left(\frac{C_N J}{k_B T} - 1\right)$$

に代入すると

$$\left(\frac{T_c}{T}\right)^3 m^2 = 3\left(\frac{T_c}{T} - 1\right) = 3\left(\frac{T_c - T}{T}\right)$$

から

$$m = \sqrt{3}\,\frac{T}{T_c}\sqrt{\frac{T_c - T}{T_c}}$$

となる。

温度が T_c 近傍では $T/T_c \cong 1$ であるから

$$m \cong \sqrt{\frac{3}{T_c}}\sqrt{T_c - T}$$

から

$$m \propto (T_c - T)^{1/2}$$

という温度依存性が得られる。

この指数 1/2 を**臨界指数** (critical parameter) と呼んでいる。ここで、$\mu_B m$ は 1 格子点あたりの平均磁化であるので、マクロな磁気モーメント M は

$$M = (N_+ - N_-)\mu_B$$

と与えられる。

ただし、N_+ は上向きスピンの格子点、N_- は下向きスピンの格子点の数である。N を格子点の総数とすると

$$\mu_B m = \frac{M}{N} = \frac{N_+ - N_-}{N}\mu_B$$

と与えられる。このとき

$$m = \frac{N_+ - N_-}{N}$$

は、ある格子点に隣接する格子点のスピン変数の平均であるが、**秩序パラメータ** (order parameter) と呼ばれる。英語名で、そのままオーダーパラメータと呼ぶことも多い。

たとえば、強磁性状態においてスピンがすべて同じ方向の上向きとなると、$N_+ = N$ となり $N_- = 0$ となるから

$$m = \frac{N_+ - N_-}{N} = \frac{N - 0}{N} = 1$$

となるが、これは秩序だった状態に相当する。一方、スピンがランダムな状態では $N_+ = N_-$ となり、$m = 0$ となる。つまり、m は秩序の指標となるのである。

実は、秩序パラメータは、磁性だけでなく、一般の相転移にも適用できる重要なパラメータである。そこで、より一般化のために、これ以降は、秩序パラメータを ϕ と表記することにする。

ここで

$$m = \phi \propto (T_c - T)^{1/2}$$

ということは、C を定数として

$$\phi^2 = C\,(T_c - T)$$

となることを意味している。これは、T_c 近傍で近似的に成立する関係である。

6. 5.　ランダウ理論

ここで一般の相転移において有用な手法を紹介しておこう。強磁性から常磁性への変化は、低温では秩序パラメータ ϕ が 1 であったものが、温度上昇とともに低下し、最後は、相転移温度 (T_c) において 0 となる変化と捉えることができる。この変化によって、エントロピー S は増大するため、自由エネルギー F が低下して系は安定となる。

一方、低温では、エントロピー効果 ($-TS$) よりもスピン間の交換相互作用に基づくエネルギー ($-J$) によって自由エネルギー F の低下が大きいため、秩序状態が安定となる。実は、これは強磁性に限ったことではなく、多くの相転移に対して適用できる一般的な考えである。

このとき、系の自由エネルギーは、T_c 近傍では、秩序パラメータ ϕ の関数になるものと考えられる。いま見たように、T_c 近傍では ϕ^2 に依存するが、これをより一般化して、以下のようなべき級数展開が可能と考える[12]。

$$F(\phi,T) = F_n + a(T)\phi^2 + b(T)\phi^4 + c(T)\phi^6 + \ldots$$

ただし、$F(\phi, T)$ は系のヘルムホルツの自由エネルギー、F_n は無秩序相（高温相; 強磁性体では常磁性相）の自由エネルギーとなる。$T > T_c$ では $\phi = 0$ であるので $F = F_n$ となる。

ここで、ランダウは大胆な仮定により、実際の相転移をうまく表現できるような展開式を導出した。このべき級数において、べき項の係数は、温度 T の関数と考えられる。また、T_c 近傍では、ϕ の値は小さい。よって、まず、級数展開の項を ϕ^4 までとし、さらに、温度依存性を有する係数は a のみとしたのである。

したがって

$$F(\phi,T) \cong F_n + a(T)\phi^2 + b\phi^4$$

---

[12] 自由エネルギー F は、秩序パラメータ ϕ に関して正負で対称となる。つまり、偶関数となるので、ϕ の偶数べきの項だけを有することになる。

となる。これを**ランダウ展開** (Landau expansion) と呼んでいる。

さらに、ランダウは、ϕ^4 の係数 b は必ず $b>0$ であるとした。これは、$b<0$ とすると、F はいくらでも小さくなるため、F の極小点が得られなくなるからである（つまり、$b<0$ では、ランダウ展開は相転移を表現できない)。

ここで、F が有限の ϕ で極小値を持てば、それが平衡状態を与える。有限の ϕ で系が安定するということは、秩序相が出現することを意味する。

よって

$$\frac{\partial F}{\partial \phi} = 2a\phi + 4b\phi^3 = 0$$

から

$$b\phi\left(\phi^2 + \frac{a}{2b}\right) = 0$$

となる。

この方程式の自明解は $\phi = 0$ であるが、$\phi \neq 0$ としよう。 すると

$$\phi^2 = -\frac{a}{2b}$$

となり、$b>0$ であるから、$a<0$ のとき解があり

$$\phi = \pm\sqrt{\frac{|a|}{2b}}$$

となる。ちなみに、a には温度依存性があるとしたが

$T > T_{\mathrm{c}}$ のとき $a > 0$　　$T = T_{\mathrm{c}}$ のとき $a = 0$　　$T < T_{\mathrm{c}}$ のとき $a < 0$

となる。

図 6-6 に $a>0$ と $a<0$ の場合の

$$F(\phi) \cong F_n + a\phi^2 + b\phi^4$$

のグラフを示す。

図に示したように、$a>0$ の場合は、$\phi = 0$ が自由エネルギー $F(\phi)$ の極小となるが、$a<0$ の場合には

$$\phi = \pm\sqrt{\frac{|a|}{2b}}$$

において $F(\phi)$ の極小点を有する。この結果、秩序パラメータが 0 とはならない状態、すなわち秩序相が安定となるのである。

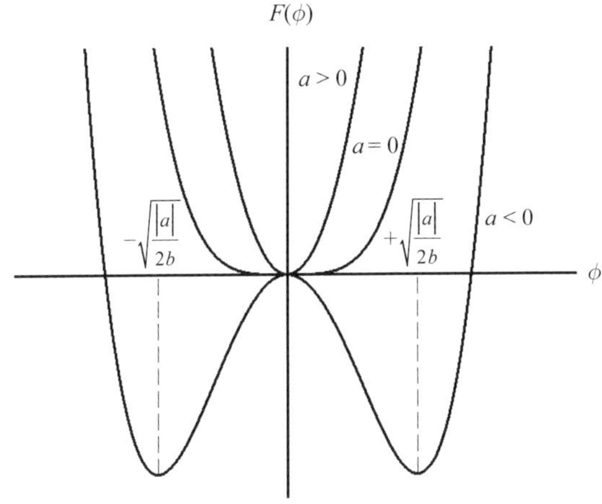

図 6-6　$F(\phi) = F_n + a\phi^2 + b\phi^4$ のグラフ

6. 6.　自由エネルギーによるアプローチ

2 次元イジング模型のヘルムホルツの自由エネルギー F が秩序パラメータ ϕ の関数 $F(\phi)$ として与えられれば、それが極小を与える条件から $\phi \neq 0$ の秩序相、すなわち、磁気モーメントを有する状態が安定となるかどうかを判定することが可能である。ここで、自由エネルギー F は

$$F = E - TS$$

と与えられるので、スピン系のエネルギー E とエントロピー S を ϕ の関数として求める必要がある。

6. 6. 1.　スピン配列のエントロピー

ここでは、スピン配列のエントロピー S を秩序パラメータ ϕ の関数として表現する方法を考えてみる。

まず、格子点、つまり、スピンの総数を N 個としよう。ここで、上向きスピンの数を N_+ とし、下向きスピンの数を N_- とする。すると

$$N = N_+ + N_-$$

という関係にある。

このとき、秩序パラメータは

$$\phi = \frac{N_+ - N_-}{N}$$

となる。

この式からわかるように、秩序パラメータ ϕ は、すべてのスピンが上向きのとき 1、上向きと下向きのスピンが同数ならば 0、すべてのスピンが下向きならば −1 となる。

演習 6-6　上向きスピンの数 N_+ ならびに下向きスピンの数 N_- を N と秩序パラメータ ϕ で示せ。

解）　$$N = N_+ + N_- \quad \text{より} \quad N_- = N - N_+$$

したがって

$$\phi = \frac{N_+ - N_-}{N} = \frac{N_+ - (N - N_+)}{N} = \frac{2N_+ - N}{N}$$

から

$$N_+ = N\frac{1+\phi}{2}$$

となる。同様にして

$$N_- = N\frac{1-\phi}{2}$$

と与えられる。

ここで、スピン配列のエントロピー S を求めてみよう。このとき、スピンを並べる微視的状態の数は

$$W = \frac{N!}{N_+!N_-!}$$

となる。これは 1 次元であろうが 2 次元、3 次元であろうが同様となる。

したがって、エントロピーは

$$S = k_{\mathrm{B}} \ln W = k_{\mathrm{B}} \ln \frac{N!}{N_+!N_-!} = k_{\mathrm{B}} \ln N! - k_{\mathrm{B}} \ln N_+! - k_{\mathrm{B}} \ln N_-!$$

となる。

表記の式はスターリング近似

$$\ln N! = N \ln N - N$$

を用いると

$$S = k_{\mathrm{B}}(N \ln N - N) - k_{\mathrm{B}}(N_+ \ln N_+ - N_+) - k_{\mathrm{B}}(N_- \ln N_- - N_-)$$

となる。

演習 6-7　N 個の格子点からなるスピン系のエントロピー S を、秩序パラメータ ϕ を用いて示せ。

解）

$$S = k_{\mathrm{B}}(N \ln N - N) - k_{\mathrm{B}}(N_+ \ln N_+ - N_+) - k_{\mathrm{B}}(N_- \ln N_- - N_-)$$

を変形すると

$$S = k_{\mathrm{B}} N(\ln N - 1) - k_{\mathrm{B}} N_+(\ln N_+ - 1) - k_{\mathrm{B}} N_-(\ln N_- - 1)$$

となり、整理すると

$$S = k_{\mathrm{B}}(N_+ + N_- - N) + k_{\mathrm{B}} N(\ln N) - k_{\mathrm{B}} N_+(\ln N_+) - k_{\mathrm{B}} N_-(\ln N_-)$$
$$= k_{\mathrm{B}}(N_+ + N_-)(\ln N) - k_{\mathrm{B}} N_+(\ln N_+) - k_{\mathrm{B}} N_-(\ln N_-)$$

となる。よって

$$S = -k_{\mathrm{B}} N_+ \ln\left(\frac{N_+}{N}\right) - k_{\mathrm{B}} N_- \ln\left(\frac{N_-}{N}\right)$$

となる。

ここで、秩序パラメータ ϕ を使うと

$$N_+ = N\frac{1+\phi}{2} \quad ならびに \quad N_- = N\frac{1-\phi}{2}$$

となるから

$$S = -k_{\mathrm{B}} N \frac{1+\phi}{2} \ln\left(\frac{1+\phi}{2}\right) - k_{\mathrm{B}} N \frac{1-\phi}{2} \ln\left(\frac{1-\phi}{2}\right)$$

したがって

$$S = -\frac{Nk_{\mathrm{B}}}{2}\left\{(1+\phi)\ln\left(\frac{1+\phi}{2}\right)+(1-\phi)\ln\left(\frac{1-\phi}{2}\right)\right\}$$

となる。

これで、Sを秩序パラメータ ϕ の関数として求めることができた。つぎに、ヘルムホルツの自由エネルギー $F(\phi)$ を得るために、スピン系のエネルギー E を ϕ の関数として求める。

6. 6. 2.　磁気エネルギー

スピン系の磁気エネルギー E には、各格子点の磁気モーメントにともなうエネルギー E_M と、スピンどうしの相互作用エネルギー E_s の 2 種類がある。

まず、各格子点の磁化によるエネルギー E_M は、外部磁場 H を上向きとすると、スピンが平行のとき $-\mu_{\mathrm{B}}H$ だけエネルギーが低下するので

$$E_M = -(N_+ - N_-)\mu_{\mathrm{B}}H = -N\phi\mu_{\mathrm{B}}H$$

となる。

つぎに、スピン系の相互作用によるエネルギー E_s は

$$E_s = -J\sum_{(i,\,j)}\sigma_i\sigma_j$$

と与えられる。ただし、Jは交換相互作用定数である。

ここで、隣接する対のスピンが

同じ上向き（↑↑）となる数を N_{++}
同じ下向き（↓↓）となる数を N_{--}
上下（↑↓）となる数を N_{+-}
下上（↓↑）となる数を N_{-+}

とすると

$$E_s = -(N_{++} + N_{--} - N_{+-} - N_{-+})J$$

となる。

そして、これら数を求めるとき、配位数 C_N が必要となる。この C_N は、注目する格子点に隣接する格子点の数である。ここで、ある格子点のスピンが ＋としよう。すると、そのまわりの格子点が ＋となる確率は

$$\frac{N_+ - 1}{N - 1}$$

となる。ただし、N が大きいとして

$$\frac{N_+ - 1}{N - 1} \cong \frac{N_+}{N}$$

とする。

いま、N_+ 個だけの ＋スピンの格子点があるのであるから、隣りどうしが＋となる数 N_{++} は

$$N_{++} = N_+ \times C_N \times \frac{N_+}{N}$$

と与えられる。ただし、このままでは ++ のペアをダブルカウントしているので

$$N_{++} = \frac{1}{2} N_+ \times C_N \times \frac{N_+}{N}$$

のように 1/2 で除す必要がある。

演習 6-8　隣接する格子点のスピンが互いに上向き（↑↑）となる数 N_{++} を秩序パラメータ ϕ を使って表現せよ。

解）　$N_+ = N\dfrac{1+\phi}{2}$　であるから

$$N_{++} = \frac{1}{2} N_+ \times C_N \times \frac{N_+}{N} = \frac{1}{2}\frac{C_N N(1+\phi)}{2}\frac{N(1+\phi)}{2N} = \frac{C_N N}{8}(1+\phi)^2$$

となる。

スピンが下向きの組み合わせ（↓↓）の場合も、同様であり

$$N_{--} \cong \frac{1}{2} N_- \times C_N \times \frac{N_-}{N} = \frac{C_N N}{8}(1-\phi)^2$$

となる。

それでは、スピンが（↑↓）の場合はどうなるであろうか。この場合は、＋のスピンの数を N_+ として、そのまわりのスピンが－となる確率を N_-/N とし

て

$$N_{+-} \cong \frac{1}{2} N_+ \times C_N \times \frac{N_-}{N} = \frac{C_N N}{8}(1+\phi)(1-\phi) = \frac{C_N N}{8}(1-\phi^2)$$

とすればよい。

$(\downarrow \uparrow)$ の場合も、同様にして

$$N_{-+} \cong \frac{1}{2} N_- \times C_N \times \frac{N_+}{N} = \frac{C_N N}{8}(1-\phi)(1+\phi) = \frac{C_N N}{8}(1-\phi^2)$$

となる。

演習 6-9　交換相互作用定数を J として、N 個の格子点からなるスピン系の交換相互作用にともなうエネルギー E_s を、秩序パラメータ ϕ を使って求めよ。

解）　求めるエネルギーは

$$E_s = -(N_{++} + N_{--} - N_{+-} - N_{-+})\,J$$

と与えられる。

ここで

$$N_{++} + N_{--} - N_{+-} - N_{-+}$$

$$= \frac{C_N N}{8}(1+\phi)^2 + \frac{C_N N}{8}(1-\phi)^2 - \frac{C_N N}{4}(1-\phi^2) = \frac{C_N N}{2}\phi^2$$

となるので

$$E_s = -(N_{++} + N_{--} - N_{+-} - N_{-+})\,J = -\frac{C_N N}{2} J\phi^2$$

となる。

したがって、N 個の格子点からなる系の磁気エネルギーは

$$E = E_M + E_s = -N\mu_B H\phi - \frac{1}{2} C_N N J \phi^2$$

となる。

演習 6-10　N 個の格子点からなるスピン系のヘルムホルツの自由エネルギー $F = E - TS$ を求めよ。

解）　エントロピーは演習 6-7 から

$$S = -\frac{Nk_B}{2}\left\{(1+\phi)\ln\left(\frac{1+\phi}{2}\right) + (1-\phi)\ln\left(\frac{1-\phi}{2}\right)\right\}$$

と与えられる。

よって、ヘルムホルツ自由エネルギー F は

$$F = E - TS$$

$$= -N\mu_B H\phi - \frac{1}{2}C_N NJ\phi^2 + \frac{Nk_B T}{2}\left\{(1+\phi)\ln\left(\frac{1+\phi}{2}\right) + (1-\phi)\ln\left(\frac{1-\phi}{2}\right)\right\}$$

となる。

これで、ヘルムホルツの自由エネルギー F を秩序パラメータ ϕ の関数として求めることができた。ここで、われわれが検証するのは磁場がない状態で自発磁化が生じるかどうかである。

6. 6. 3.　自由エネルギーの極小値

磁場がない場合は $H = 0$ であるから、ヘルムホルツの自由エネルギーは

$$F(\phi) = -\frac{1}{2}C_N NJ\phi^2 + \frac{Nk_B T}{2}\left\{(1+\phi)\ln\left(\frac{1+\phi}{2}\right) + (1-\phi)\ln\left(\frac{1-\phi}{2}\right)\right\}$$

となる。

演習 6-11　N 個の格子点からなるスピン系において磁場がない場合の平衡状態における秩序パラメータの値 ϕ が満足する方程式を求めよ。

解）　磁場がないのであるから、スピンの分布は上向きと下向きが同数で $\phi = 0$ が考えられる。問題は、それ以外の解があるかである。

ここでは、平衡条件

$$\frac{\partial F}{\partial \phi} = 0$$

から、ϕ の解を求めてみよう。

$$F = -\frac{1}{2}C_N NJ\phi^2 + \frac{Nk_B T}{2}\left\{(1+\phi)\ln\left(\frac{1+\phi}{2}\right) + (1-\phi)\ln\left(\frac{1-\phi}{2}\right)\right\}$$

を ϕ で偏微分すると

$$\frac{\partial}{\partial \phi}\left(C_N NJ\phi^2\right) = 2C_N NJ\phi$$

となる。また

$$\left\{(1+\phi)\ln\left(\frac{1+\phi}{2}\right) + (1-\phi)\ln\left(\frac{1-\phi}{2}\right)\right\}$$

$$= (1+\phi)\left\{\ln(1+\phi) - \ln 2\right\} + (1-\phi)\left\{\ln(1-\phi) - \ln 2\right\}$$

から

$$\frac{\partial}{\partial \phi}\left\{(1+\phi)\ln\left(\frac{1+\phi}{2}\right) + (1-\phi)\ln\left(\frac{1-\phi}{2}\right)\right\}$$

$$= \left\{\ln(1+\phi) - \ln 2\right\} - \left\{\ln(1-\phi) - \ln 2\right\} + \frac{1+\phi}{1+\phi} - \frac{1-\phi}{1-\phi} = \ln\left(\frac{1+\phi}{1-\phi}\right)$$

したがって

$$\frac{\partial F}{\partial \phi} = -C_N NJ\phi + \frac{1}{2}Nk_{\mathrm{B}}T\,\ln\left(\frac{1+\phi}{1-\phi}\right)$$

となり、$\partial F/\partial \phi = 0$ から

$$C_N NJ\phi = \frac{1}{2}Nk_{\mathrm{B}}T\,\ln\left(\frac{1+\phi}{1-\phi}\right)$$

よって

$$\phi = \frac{k_{\mathrm{B}}T}{2J\,C_N}\ln\left(\frac{1+\phi}{1-\phi}\right)$$

となる。

これはセルフコンシステント方程式である。この自明解は $\phi=0$ となる。これは、上向きスピンと下向きスピンが同数で磁化のない場合、つまり常磁性状態に

相当する。

問題は、これ以外の解があるかどうかである。すでに紹介したように、この方程式の解は

$$\text{直線}\quad y=\phi \quad \text{と} \quad \text{曲線}\quad y=\frac{k_{\mathrm{B}}T}{2JC_N}\ln\left(\frac{1+\phi}{1-\phi}\right)$$

との交点となる。

これらグラフを ϕ - y 座標にプロットすると図 6-7 のようになる。

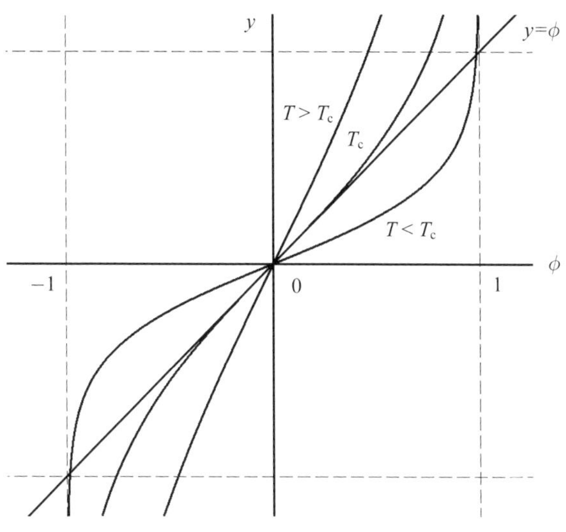

図 6-7　$y=\phi$ と $y=\dfrac{k_{\mathrm{B}}T}{2JC_N}\ln\left(\dfrac{1+\phi}{1-\phi}\right)$ のグラフ

このグラフをみると、温度 T が高いと交点は $\phi=0$ のみとなる。つまり、上向きスピンと下向きスピンは同数が安定となる。ところが、T が低下するにしたがって、$\phi=0$ 以外の解が存在するようになる。これは、どちらかのスピンの数が増えて、スピン配列に秩序性のある領域が生じることを意味している。これを秩序無秩序転移と呼ぶ場合もある。この転移が生じる境界が臨界温度 T_{c} を与えることになる。

演習 6-12　系の平衡状態において、秩序パラメータ ϕ が $\phi=0$ 以外の実数解を有する臨界温度 T_c を求めよ。

解）　$\phi=0$ 以外の交点があるかどうかの境目が臨界点である。この境界では

$$y=\phi \qquad と \qquad y=\frac{k_B T}{2JC_N}\ln\left(\frac{1+\phi}{1-\phi}\right)$$

が $\phi=0$ で接するので、両者の傾きが等しくなる。

そこで、まず後者の $dy/d\phi$ を求める。すると

$$y=\frac{k_B T}{2JC_N}\ln\left(\frac{1+\phi}{1-\phi}\right)=\frac{k_B T}{2JC_N}\left\{\ln(1+\phi)-\ln(1-\phi)\right\}$$

から

$$\frac{dy}{d\phi}=\frac{k_B T}{2JC_N}\left(\frac{1}{1+\phi}+\frac{1}{1-\phi}\right)$$

となる。

これが $\phi=0$ で $y=\phi$ の傾きと一致するのが臨界点である。

ここで

$$\left.\frac{dy}{d\phi}\right|_{\phi=0}=\frac{k_B T}{2JC_N}\left(\frac{1}{1+0}+\frac{1}{1-0}\right)=\frac{k_B T}{JC_N}$$

であり、$y=\phi$ の傾きは 1 であるから

$$\frac{k_B T_c}{JC_N}=1$$

より

$$T_c=\frac{JC_N}{k_B}$$

となる。

この値は、平均場近似により求めた臨界温度 T_c と一致している。実は

$$\frac{JC_N}{k_B T}\phi=\frac{1}{2}\ln\left(\frac{1+\phi}{1-\phi}\right)$$

を変形していくと、平均場近似で求めた関係式と同じものが得られる。それを確

かめてみよう。

$$\frac{1+\phi}{1-\phi}=\exp\left(\frac{2JC_N}{k_B T}\phi\right)=\exp(2a\phi)$$

ただし

$$\frac{J\,C_N}{k_B T}=a$$

と置いた。

　すると

$$1+\phi=(1-\phi)\exp(2a\phi) \qquad \phi=(1-\phi)\exp(2a\phi)-1$$

$$\phi\left\{\exp(2a\phi)+1\right\}=\exp(2a\phi)-1$$

から

$$\phi=\frac{\exp(2a\phi)-1}{\exp(2a\phi)+1}$$

となる。

　さらに、右辺に分子分母を $\exp(a\phi)$ で除すと

$$\phi=\frac{\exp(a\phi)-\exp(-a\phi)}{\exp(a\phi)+\exp(-a\phi)}=\tanh(a\phi)$$

となる。

　したがって

$$\phi=\tanh\left(\frac{C_N\,J\phi}{k_B T}\right)$$

となる。

　この式は、秩序パラメータ ϕ で表現しているが、2 次元イジング模型の平均場近似で求めた式

$$m=\tanh\left(\frac{C_N\,J\,m}{k_B T}\right)$$

と同じものとなることが確認できる。同じ物理現象を取り扱っているのであるから、異なるアプローチであっても、同じ解が与えられるのは当然かもしれないが、統計力学の手法の正当性を支持する結果でもある。

6. 7.　最後に

2 次元のイジング模型があるならば、当然、次は 3 次元へと進むのが順当である。実際に、3 次元のイジング模型の研究は、世界各所で行われているが、いまだに厳密解は得られていない。もちろん、近似的な解や、数値計算による解法は行われている。

冒頭でも紹介したように、相転移現象は、現代科学でも解明できていない謎のひとつである。その中で、イジング模型は一筋の光明である。1920 年にドイツの物理学者**レンツ** (Wilhelm Lenz) が提唱したことで知られている。レンツが指導した博士学生の**イジング** (Ernst Ising) が、その研究を行ったため、イジング模型という名が残っている。1944 年に**オンサーガー** (Lars Onsager) が 2 次元イジング模型の厳密解を得ることに成功し、相転移が生じることを示した。これが、統計力学の大きな成果と言われている。

統計力学は、重要な学問分野のひとつであるが、いまだに発展途上であり、多くのひとにとって、大発見のチャンスが残されている学問である。

ちなみに、相転移が生じる水のクラスターサイズの研究も世界中で行われているが、これも謎のままである。

最後に、相転移に関して、もうひとつ話題を提供しておきたい。磁場がない場合のスピン系のエネルギーは

$$E = -J\sum_{(i,k)}\sigma_i\sigma_k$$

と与えられる。

ところで、この状態で、スピンを反転させて

$$-J\sum_{(i,k)}(-\sigma_i)(-\sigma_k) = -J\sum_{(i,k)}\sigma_i\sigma_k = E$$

となってエネルギーは変化しない。

つまり、スピン反転に関する対称性がある。そして、強磁性体では、エネルギーの基底状態として、上向きスピン↑状態と下向きスピン↓状態が存在し、それぞれ等価な基底状態となる。

ところが、スピンを反転させると磁化の方向は反転する。よって、系の自発磁化として、上向きスピン状態がいったん生じると、これが系のエネルギー基底状

態となる。

そして、本来は、エネルギーの基底状態として対称であるはずの下向きスピン状態にするためには、余分なエネルギーが必要となる。

つまり、下向きスピン状態は、一種の励起状態となり、エネルギー基底状態の対称性がやぶれることになる。これを自発的対称性のやぶれと呼び、相転移では、よく観察される現象となる。

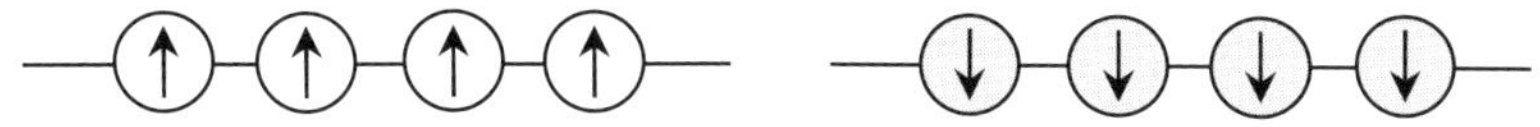

図 6-8　強磁性体では、低温においては、スピンの向きに関係なく、すべてのスピンがそろった状態がエネルギー基底状態となる。つまり、上向きスピンも下向きスピン状態も、ともに対称的なエネルギー基底となる。

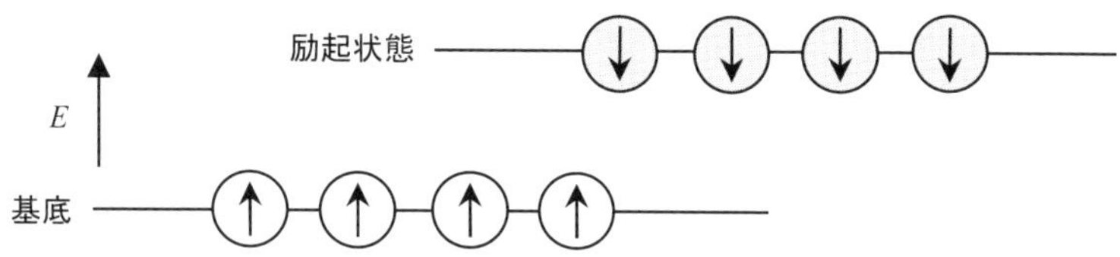

図 6-9　自発的対称のやぶれ。低温で上向きスピンの自発磁化状態が生じると、これがエネルギー基底となり、下向きスピン状態は励起状態となる。

基底をどう選ぶかで、同じ状態であってもエネルギーが異なることは不思議である。しかし、論理的な破綻はない。まことに、学問は難しい。

おわりに

これで、「統計力学―基礎編」から「統計力学―応用編」へと続く長い旅は終了する。統計力学を理解するには、かなりの努力が必要と言われている。大学では、最も難解な教科のひとつに挙げられることもある。また、教科書を1回読んだからといって、統計力学をマスターすることは、もちろんできない。もがき苦しみながら、いろいろな事例にふれる過程で、理解が進んでいく。これは、すべての学問に共通したものではなかろうか。

統計力学を理解するには、時として量子力学の知識が必要となる。ミクロ粒子の集団の特性から、マクロの熱力学で登場する熱力学関数を理解しようとするのであるから当然ではある。そして、解析力学の抽象的な形式も利用することもある。特殊関数を利用する必要もある。これら科学的そして数学的所産をフルに活用しながら、統計力学の理解は進んでいくのである。そして、多くの学問分野は、根底でつながっていることにも、あらためて気づかされる。

本書を通して、多くの読者が統計力学の有用性と面白さに気づいてくれることを期待している。また、本書で紹介したように、相互作用のある系や相転移現象には未解明の部分が多い。その解明に、チャレンジする研究者が誕生することにも期待したい。

著者紹介

村上　雅人

理工数学研究所　所長　工学博士
2012 年より 2021 年まで芝浦工業大学学長
2021 年より岩手県 DX アドバイザー
現在、数学検定協会評議員、日本工学アカデミー理事
技術同友会会員
著書「大学をいかに経営するか」（飛翔舎）
「なるほど生成消滅演算子」（海鳴社）
など多数

飯田　和昌

日本大学生産工学部電気電子工学科　教授　博士（工学）
1996 年-1999 年 TDK 株式会社
1999 年-2004 年 超電導工学研究所
2004 年-2007 年 ケンブリッジ大学 博士研究員
2007 年-2014 年 ライプニッツ固体材料研究所　上席研究員
2014 年-2022 年 名古屋大学大学院工学研究科　准教授
著書「統計力学　基礎編」（飛翔舎）

小林　忍

理工数学研究所　主任研究員
著書「超電導の謎を解く」（C&R 研究所）
「低炭素社会を問う」（飛翔舎）
「エネルギー問題を斬る」（飛翔舎）
「SDGs を吟味する」（飛翔舎）
監修「テクノジーのしくみとはたらき図鑑」（創元社）

―理工数学シリーズ―

統計力学　応用編

2023 年 6 月 30 日　第 1 刷　発行

発行所：合同会社飛翔舎 https://www.hishosha.com
住所：東京都杉並区荻窪三丁目 16 番 16 号
電話：03-5930-7211　FAX：03-6240-1457
E-mail: info@hishosha.com

編集協力：小林信雄、吉本由紀子
組版：小林忍
印刷製本：株式会社シナノパブリッシングプレス

ISBN:978-4-910879-06-2　　C3042